Angular 建置與執行
循序漸進學習 Angular

Angular: Up and Running
Learning Angular, Step by Step

Shyam Seshadri 　著

楊尊一　譯

目錄

前言

我們經常高估或低估特定事件與計劃的影響。我深信我在 Google 的最後一個專案 Google Feedback 最終將完全改變公司與用戶互動的方式。我也認為 Angular（當時稱為 AngularJS）只是 Feedback 專案使用的管理介面框架。

事後來看結局完全相反。雖然許多 Google 產品還在使用 Feedback，但 Angular 從一個內部小專案變成世界各地的公司與數千個開發者使用的框架。這要歸功於 Misko、Igor、與整個團隊致力於改善我們開發網頁應用程式的方式。

它從兩個人的專案變成最大的開源社群以及數千個專案所使用的架構。關於 Angular 有很多書、教學、文章，且採用數量與資源每天都在增加。

Angular 的第一個版本具有一些超前時代的概念（例如資料連結、關注點分離、相依性注入等），如今已經是新框架普遍採用的功能。

AngularJS 生態系最大的變化是新版本（最初稱為 Angular 2.0，現在稱為 Angular）。它大幅的改變、不向後相容幾乎導致整個社群的分裂，但透過開放社群參與將可能是災難性的行動轉變成網頁開發的新時代。

真正讓 Angular 成功的是它的社群——對核心框架做出貢獻或開發外掛與日常使用它的人們。

身為社群的一份子，我很高興能以這本書作為我對社群的貢獻。

本書讀者

這本書寫給想要開始使用 Angular（2.0 或後續版本）並已經熟悉 JavaScript 與 HTML 的人，而學習 Angular 只需基本認識 JavaScript 就夠了，無需學習過 AngularJS 1.0。

我們也會使用 TypeScript，它是以 Angular 進行開發的推薦方式，對其有基本認識就足夠。

我們會逐步說明，因此可以放輕鬆跟著我愉快的學習。

為什麼要寫這本書

Angular 框架發展出很多功能，而背後的大社群提供了很多有幫助的資源。但這些資源不是專注於某個特定部分不然就是對初學者沒有幫助。

這本書致力於逐步指引 Angular 的上手，所有概念都有條不紊的循序加入。由於技術變化很快，這本書不打算討論所有面向而是專注於核心部分的仔細研究，以讓讀者能自行探索其餘部分。

讀完本書，你應該會熟悉 Angular 框架並能以 Angular 開發應用程式。

關於現在的網路應用程式開發

JavaScript 一路走來成為現在最常見的程式設計語言。如今開發者不太需要擔心瀏覽器間的不一致，而這是 jQuery 等框架出現的主要原因。

使用框架（例如 Angular 與 React）是開發前端的常見選擇，現在很少人會不用框架進行開發。

框架有很多優點，包括減少模板程式和提供一致的結構與佈局等。它的主要目標是減少浪費時間並專注於主要功能。若能跨瀏覽器（與平台，例如 Android、iOS、桌面等）則更好。

Angular（以及其他框架）透過下列基礎核心達成這樣的能力：

- 宣告式程式設計驅動的模板語法
- 模組化與分離關注點

- 資料連結與資料驅動程式設計

- 可測試性與測試支援

- 導向與導航

- 支持其他功能，包括伺服器端繪製與撰寫原生行動應用程式等！

Angular 讓我們能專注於建構良好體驗並管理複雜性。

本書內容安排

這本書逐步指引開發者學習 Angular。介紹新概念的章節後面會接著一章如何進行單元測試的說明，大致安排如下：

- 第 1 章 *Angular 介紹*，介紹 Angular 以及它的概念與如何開始撰寫 Angular。

- 第 2 章 *Hello Angular*，逐步建構一個很簡單的 Angular 應用程式，並解釋每個部分的合作方式。它還介紹 Angular 的 CLI。

- 第 3 章 *使用 Angular 內建指令*，討論基本的 Angular 內建指令（包括 ngFor、ngIf 等）與使用方式。

- 第 4 章 *認識與使用 Angular 元件*，更深入的討論 Angular 元件與各種選項。它還討論元件的基本生命週期掛鉤。

- 第 5 章 *測試 Angular 元件*，介紹如何使用 Karma 與 Jasmine 以及 Angular 測試框架進行單元測試。

- 第 6 章 *使用模板驅動表單*，討論在 Angular 中建構與操作表單，特別是模板驅動的表單。

- 第 7 章 *使用反應式表單*，討論定義與操作反應式表單的方式。

- 第 8 章 *Angular 服務*，討論 Angular 服務，包括使用 Angular 內建的服務與自訂服務。

- 第 9 章 *從 Angular 發出 HTTP 呼叫*，討論伺服器通訊並深入 HTTP 呼叫以及攔截器等進階概念。

- 第 10 章 *單元測試服務*，回頭再度討論單元測試，但這一次專注於單元測試服務。這包括測試簡單的服務與非同步流程等進階主題。

- 第 11 章 *Angular 的導向*，深入討論 Angular 應用程式的導向與導向模組。

- 第 12 章製作 *Angular* 應用程式，整合所有概念並討論應用程式的開發以及相關的各種概念與技術。

所有程式碼都放在 GitHub，若你不想自己打字或要確保取得最新最正確的範例，可以上網去抓（*https://github.com/shyamseshadri/angular-up-and-running*）。

所有程式範例均使用 AngularJS 5.0.0 版。

線上資源

下面是很棒的 AngularJS 開發者線上資源：

- Angular API 的官方文件（*https://angular.io/api*）
- 官方的 Angular 快速入門指南（*https://angular.io/guide/quickstart*）
- Angular Heroes Tutorial 應用程式（*https://angular.io/tutorial*）

本書編排慣例

本書使用以下的編排規則：

斜體字（*Italic*）
　　代表新的術語、URL、電子郵件地址、檔案名稱及副檔名。中文以楷體表示。

定寬字（Constant width）
　　代表程式，也在文章中代表程式元素，例如變數或函式名稱、資料庫、資料類型、環境變數、陳述式，與關鍵字。

定寬粗體字（**Constant width bold**）
　　代表指令，或其他應由使用者逐字輸入的文字。

定寬斜體字（*Constant width italic*）
　　代表應換成使用者提供的值，或依上下文而決定的值。

這個圖示代表提示或建議。

 這個圖示代表一般注意事項。

 這個圖示代表警告或小心。

使用程式範例

補充資料（程式範例、習題等等）可以到 *https://github.com/shyamseshadri/angular-up-and-running* 下載。

這本書是來幫您完成工作的。一般來說，這本書提供的範例程式，您可以用在您自己的程式或是文件裡。您不需要先聯絡我們取得授權，除非您打算重製很大一部分的程式碼。舉例來說，您寫了一個程式，裡面引用了幾段本書提供的範例程式，這種狀況不需要詢問授權。但是販賣或發送裝滿歐萊禮書籍範例程式的 **CD-ROM** 之類的就確實需要先取得授權了。回答問題時提到這本書或是引用一段範例程式碼的時候，不必先問授權。而把這本書大部分範例程式寫到您的產品文件裡，則需要先取得授權。

如果您引用時願意標明出處的話，筆者會十分感謝，但我們並不要求這麼做。標示出處的時候通常包含標題、作者、出版社與 ISBN。比如說："Angular: Up and Running by Shyam Seshadri (O'Reilly). Copyright 2018 Shyam Seshadri, 978-1-491-99983-7."。

如果您覺得您運用範例程式的方式可能會超過這邊描述的合理使用範圍，可以先寫信問我們：*permissions@oreilly.com*。

致謝

本書獻給我的妻子 Sanchita 以及我的父母與祖母,他們是讓我在公司剛起步時盡力寫好這本書的動機。

還要感謝 Yakov Fain 與 Victor Mejia 的審稿,他們審閱我的初稿,並確保內容以最簡潔與可理解的方式陳述重點。

沒有歐萊禮團隊的真誠投入就不會有這本書,特別感謝 Angela 與 Kristen!

最後感謝 Angular 社群的參與、回饋、支援,以及教導我們如何使用與讓它更好。

第一章

Angular 介紹

我們現在覺得網路應用程式（桌上與行動）的執行能力應該與原生應用程式相同。如今網路應用程式的規模與複雜度與桌上原生應用程式相同，對開發者來說也是一樣複雜。

不僅如此，單頁應用程式（Single-Page Application，SPA）變成常見的前端體驗，因為它有很好的速度與反應。程式載入用戶的瀏覽器後，互動只需載入更多的資料而無需從伺服器重新載入整個網頁。

AngularJS 本來的設計目的是將單頁應用程式結構化與一致化，並能快速開發可擴大與可維護的應用程式。自它發佈後，網頁與瀏覽器進步的很快，AngularJS 要解決的問題已不存在。

然後新版本的 Angular 針對新世代網頁而重寫。它利用模組與元件等新技術改善原有的 AngularJS 功能，例如相依性注入與模板。

接下來的內容中，AngularJS 指原始的 AngularJS 框架 1.0 版，Angular 指 2.0 版。主要是因為 Angular 2.0 不只使用 JavaScript 還支援 TypeScript。

為何使用 Angular

Angular 框架利用新技術且提供團隊開發者共通的結構。它讓我們開發可維護的大型應用程式。接下來的章節會深入討論這些功能：

用戶元件

Angular 可讓你建構自訂的宣告式元件，將功能與繪製邏輯包裝在可重複使用的小程式段中。它還可與網頁元件合作。

資料連結

Angular 能讓你將資料從 JavaScript 程式移動到視圖並反應事件而無需自行撰寫連結程式。

相依性注入

Angular 可讓你撰寫模組化服務並注入到所需的任何地方，如此能大幅改善可測試性與可重複使用性。

測試

測試是第一級公民，且 Angular 在設計時就考慮到測試。你可以（且應該要）測試應用程式的每個部分。

功能完整

Angular 是功能完整的框架，提供伺服器通訊、導向等立即可用的解決方案。

新版本 Angular 會採用語意化版本編號。此外，核心團隊規劃每六個月釋出一個主要改版。然後原來的 Angular 2 改稱為 Angular，因為我們不會稱它們為 Angular 2、Angular 4、Angular 5 等。

也就是說，不像 AngularJS 對 Angular，Angular 的版本升級（例如 2 到 4）是逐步上去的，且很少會是小改版。因此你無需擔心每隔幾個月就要大幅改寫程式。

本書討論範圍

雖然 Angular 是個大框架，但其社群更大。很多好功能都來自這個社群。這讓作者很難選擇要寫什麼給 Angular 開發者看。

因此，雖然 Angular 能以多種方式擴充，例如使用 Angular 撰寫原生行動應用程式
（見 NativeScript，*https://www.nativescript.org/*）、在伺服器繪製 Angular 應用程式（見
Angular Universal，*https://universal.angular.io/*）、在 Angular 中使用 Redux 作為第一級
選項（多種選項；見 ngrx，*https://github.com/ngrx*）等，本書第一版只專注於 Angular 核
心與其功能，且更聚焦於常見狀況而非 Angular 的每一個功能，否則這樣的一本書會需
要數千頁。

本書的目標是專注於對所有 Angular 開發者必要且有用的部分，而不是特定目的的功能。

開發環境

Angular 需要你在電腦上完成基本開發設定，接下來的討論必須先安裝好的軟體。

Node.js

雖然你無需寫 Node.js 程式，但 Angular 以 Node.js 作為開發環境。因此，要使用
Angular 就必須在環境中安裝 Node.js。安裝的方式有很多種，更多資訊見 Node.js 下載
頁（*https://nodejs.org/en/download/*）。

 在 macOS 上以 Homebrew 安裝 Node.js 會有一些問題，若遇到問題可嘗
試直接安裝。

你必須安裝 6.9.0 或以上版本的 Node.js 與 3.0.0 或以上版本的 npm。安裝後可以使用下
列命令確認版本：

```
node --version
npm --v
```

TypeScript

TypeScript 在我們寫的程式中加入一組型別使程式更容易理解、看懂、與追蹤。它確保
最新提出的 ECMAScript 功能可供我們運用。你的 TypeScript 程式碼最終會編譯成可在
任何環境執行的 JavaScript。

開發 Angular 應用程式不一定要使用 TypeScript，但強烈建議這麼做，因為這樣比較容
易寫且程式更好維護。本書使用 TypeScript 開發 Angular 應用程式。

TypeScript 以 NPM 套件安裝，因此可使用下列命令安裝：

```
npm install -g typescript
```

要確保安裝 2.4.0 或以上版本。

雖然我們會討論使用到的 TypeScript 功能與概念，但閱讀 TypeScript 文件（*https://www. typescriptlang.org/docs/home.html*）來學習它是個好主意。

Angular 的 CLI

不像 AngularJS 很容易引入相依檔案來執行，Angular 的設定更複雜。因此 Angular 團隊寫了一個命令列介面（command-line interface，CLI）工具幫助開發 Angular 應用程式。

在它的幫助下可讓開發程序更簡單，我建議使用它直到你可以自行處理為止。本書會同時討論 CLI 命令與它在底下實際執行的動作以讓你認識所有必要的改變。

執行下列命令以安裝最新版本（目前是 1.7.3）：

```
npm install -g @angular/cli
```

 上面的 Angular 套件版本命名慣例使用 NPM 中稱為範圍套件的新語法，它能讓多個套件安排在單一目錄下。更多資訊見 *https://docs.npmjs.com/ misc/scope*。

安裝後可執行下列命令確認：

```
ng --version
```

取得程式碼

本書範例與練習題都放在 Git 程式庫。雖然不一定要下載，但下載後可作為參考或執行範例。你可以用下列命令複製此 Git 程式庫：

```
git clone https://github.com/shyamseshadri/angular-up-and-running.git
```

它會在你目前的工作目錄下建構 *angular-up-and-running* 目錄，此目錄下有依章節安排的子目錄。

總結

我們已經設定好開發環境並準備好開發 Angular 應用程式。我們安裝了 Node.js、TypeScript、Angular 的 CLI 並知道其作用。

下一章會開始建構第一個 Angular 應用程式,並認識一些 Angular 的基本詞彙與概念。

第二章

Hello Angular

前一章簡短的討論過 Angular 與其功能以及設定 Angular 開發環境。這一章會從頭建構一個非常簡單的應用程式以討論 Angular 應用程式的不同部分。我們以此應用程式討論一些基本的術語與模組、元件、資料和事件連結、元件資料傳遞等概念。

我們從一個非常簡單的股市應用程式開始，它可以讓我們看到股票名稱、代號、與價格。過程中會討論如何將股票資訊包裝在獨立與可重複使用的元件中，以及如何使用 Angular 事件與資料連結。

啟動你的第一個 Angular 專案

如前述，我們會大量依靠 Angular 的 CLI 來開發應用程式。我假設你已經根據前一章的指令在開發環境中安裝好 Node.js、TypeScript、Angular 的 CLI。

執行下列命令建構新應用程式：

```
ng new stock-market
```

執行此命令時，它會在 *stock-market* 目錄下自動產生應用程式的骨架與一些檔案，並安裝 Angular 應用程式必要的相依檔案。這可能需要花一點時間，但最終你應該會看到下列訊息：

```
Project 'stock-market' successfully created.
```

可喜可賀，你剛剛建構了你的第一個 Angular 應用程式！

我們使用 Angular 的 CLI 建構了第一個應用程式，`ng new` 命令的參數能讓你設定選項，包括：

- 是否使用 CSS、SCSS、或其他 CSS 框架（例如 `ng new --style=scss`）
- 是否產生導向模組（例如 `ng new --routing`）；第 11 章會深入討論
- 是否需要行內樣式 / 模板
- 元件是否需要前綴（舉例來說，`ng new --prefix=acme` 對所有元件前綴 `acme`）

還有其他參數，可在更熟悉 Angular 後執行 `ng help`，以探索是否需要設定其他選項。

認識 Angular 的 CLI

我們建構了第一個應用程式，但 Angular 的 CLI 不只是產生骨架而已。事實上，它可在開發過程中執行各種工作：

- 輔助啟動
- 服務應用程式
- 執行測試（單元與完整）
- 建置與發佈
- 產生新元件、服務、導向等

每個工作有相對應的 CLI 命令，接下來遇到時會解釋。命令可設定參數與選項使 CLI 能夠負責各種任務。

執行應用程式

我們已經產生了應用程式，下一步是執行以從瀏覽器觀察。技術上有兩種執行方式：

- 以開發模式執行，由 Angular 的 CLI 編譯並更新 UI

- 以上線模式執行，經最佳化編譯成靜態檔案

現在我們以開發模式從專案的根目錄 *stock-market* 執行：

```
ng serve
```

經過一陣子處理與編譯後你應該會看到下列訊息：

```
** NG Live Development Server is listening on localhost:4200,
   open your browser on http://localhost:4200/ **
Date: 2018-03-26T10:09:18.869Z
Hash: 0b730a52f97909e2d43a
Time: 11086ms
chunk {inline} inline.bundle.js (inline) 3.85 kB [entry] [rendered]
chunk {main} main.bundle.js (main) 17.9 kB [initial] [rendered]
chunk {polyfills} polyfills.bundle.js (polyfills) 549 kB [initial] [rendered]
chunk {styles} styles.bundle.js (styles) 41.5 kB [initial] [rendered]
chunk {vendor} vendor.bundle.js (vendor) 7.42 MB [initial] [rendered]

webpack: Compiled successfully.
```

上面的輸出是 Angular 的 CLI 產生以供執行應用程式的檔案，包括轉譯出的 *main.bundle.js*、包含第三方函式庫與框架（包含 Angular）的 *vendor.bundle.js*、編譯後的 CSS 樣式表 *styles.bundle.js*、在舊版瀏覽器中支援新功能（例如 ECMAScript 功能）的 *polyfills.bundle.js*、啟動應用程式所需的 *inline.bundle.js*。

ng serve 在本機 4200 埠啟動開發伺服器。從瀏覽器打開 *http://localhost:4200* 會看到如圖 2-1 所示的 Angular 應用程式。

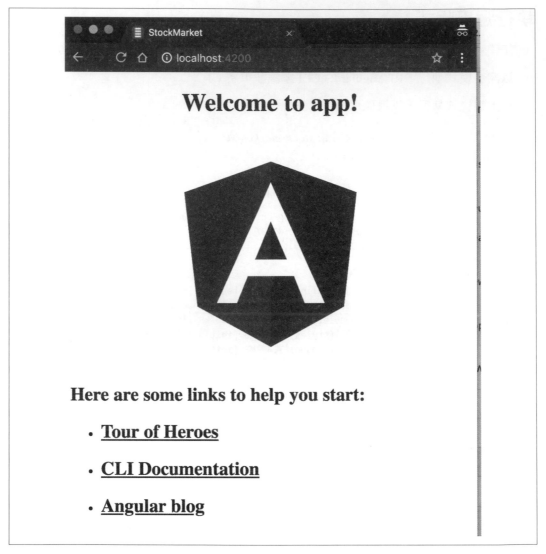

圖 2-1　瀏覽器中的 Hello Angular 應用程式

你可以讓 ng serve 命令在終端機中持續執行並繼續修改。若有應用程式在瀏覽器中開啟，它會在儲存時自動的更新。這樣會讓開發過程更方便。

接下來進一步討論產生出的 Angular 應用程式如何運作與各個組成部分。

Angular 應用程式的基礎

Angular 應用程式的核心是單頁應用程式（Single-Page Application，SPA），因此載入是由一個對伺服器的請求觸發。從瀏覽器開啟一個 URL 時會發出第一個對伺服器（此例中以 ng serve 執行）的請求。第一個請求會回傳一個 HTML 網頁，然後它載入必要的 JavaScript 以載入 Angular 與我們的程式碼和模板。

注意雖然我們以 TypeScript 開發 Angular 應用程式，但此應用程式被轉譯成 JavaScript。ng serve 命令負責將 TypeScript 轉譯成瀏覽器載入的 JavaScript。

Angular 的 CLI 產生的結構如下：

```
stock-market
+----e2e
+----src
    +----app
        +----app.component.css
        +----app.component.html
        +----app.component.spec.ts
        +----app.component.ts          ❶
        +----app.module.ts             ❷
    +----assets
    +----environments
    +----index.html                    ❸
    +----main.ts                       ❹
+----.angular-cli.json                 ❺
```

❶ 根元件

❷ 主要模組

❸ 根 HTML

❹ 進入點

❺ Angular CLI 組態

stock-market 目錄下還有其他檔案，但上面列出的是這一章要討論的檔案。此外，第 5 章、第 10 章、第 12 章還有單元測試、端至端測試、資源檔案、各種環境（開發、產品）的組態、與其他通用組態。

根 HTML—index.html

檢視 *src* 目錄下的 *index.html* 檔案，你會注意到它很簡單與乾淨，沒有參考任何腳本或相依檔案：

```
<!doctype html>
<html lang="en">
<head>
  <meta charset="utf-8">
  <title>StockMarket</title>
  <base href="/">

  <meta name="viewport" content="width=device-width, initial-scale=1">
  <link rel="icon" type="image/x-icon" href="favicon.ico">
</head>
<body>
  <app-root></app-root>                    ❶
</body>
</html>
```

❶ Angular 應用程式的根元件

上面的程式中唯一值得注意的是 `<app-root>` 元件，它是載入應用程式碼的標記。

載入核心 Angular 腳本與應用程式碼的部分呢？它由 **ng serve** 命令在執行期動態的插入，結合所有廠商函式庫、應用程式碼、樣式表、放在個別檔案的行內模板，並於瀏覽器繪製該頁時插入到 *index.html* 中。

進入點—main.ts

第二個重要部分是 *main.ts* 檔案。*index.html* 檔案決定載入什麼檔案。另一方面，*main.ts* 識別應用程式啟動時要載入什麼 Angular 模組（接下來會討論）。它也可以改變第 12 章會討論的應用程式層級組態（例如使用 **enableProdMode()** 旗標關閉框架層級的斷言與檢驗）：

```
import { enableProdMode } from '@angular/core';
import { platformBrowserDynamic } from '@angular/platform-browser-dynamic';

import { AppModule } from './app/app.module';
import { environment } from './environments/environment';

if (environment.production) {
  enableProdMode();
```

```
    }

    platformBrowserDynamic().bootstrapModule(AppModule)        ❶
      .catch(err => console.log(err));
```

❶   啟動 AppModule

main.ts 檔案中的大部分程式是通用的，通常無需修改此進入點檔案。它的主要目的是對 Angular 框架指出應用程式的核心模組並從該點觸發其餘應用程式原始碼。

主要模組—app.module.ts

這是應用程式原始碼的啟動位置。應用程式模組檔案可視為應用程式的核心組態，載入相關與必要的相依檔案、宣告使用的元件、標記應用程式的主要進入點元件：

```
    import { BrowserModule } from '@angular/platform-browser';
    import { NgModule } from '@angular/core';


    import { AppComponent } from './app.component';


    @NgModule({                                 ❶
      declarations: [
        AppComponent                            ❷
      ],
      imports: [                                ❸
        BrowserModule
      ],
      providers: [],
      bootstrap: [AppComponent]                 ❹
    })
    export class AppModule { }
```

❶   NgModule 這個 TypeScript 的標記指出此類別定義為一個 Angular 模組

❷   宣告應用程式中使用的元件與指示

❸   匯入其他功能模組

❹   啟動應用程式的進入點元件

這是我們第一次處理 TypeScript 專屬的功能，它是修飾子（可以視為注釋）。修飾子能讓我們以注釋與屬性以及元功能修飾類別。

Angular 大量運用此 TypeScript 功能，例如使用模組與組件的修飾子。

更多 TypeScript 修飾子的資訊見官方文件（*http://bit.ly/2IDQd1U*）。

接下來的章節會深入這些部分，但其核心是：

declarations

　　declarations 區塊定義此模組中可用於此 HTML 範圍內的所有元件。所有元件必須在使用前宣告。

imports

　　你不會建構應用程式使用的每一個功能，imports 陣列可匯入其他 Angular 應用程式與函式庫模組，並利用這些元件、服務、與其他已經寫在這些模組中的功能。

bootstrap

　　bootstrap 陣列定義應用程式的進入點元件。若未將主元件加入，則應用程式不會啟動，因為 Angular 不知道要從 *index.html* 中找什麼元素。

加入新元件、服務、函式庫、模組時通常需要修改這個檔案（若沒有使用 CLI）。

根元件—AppComponent

它是真正提供應用程式功能的 Angular 程式碼，此例中的 AppComponent 是主要（且唯一）的元件，其程式碼如下：

```
import { Component } from '@angular/core';

@Component({
  selector: 'app-root',              ❶
  templateUrl: './app.component.html',  ❷
  styleUrls: ['./app.component.css']   ❸
})
export class AppComponent {
  title = 'app';                     ❹
}
```

❶　此 DOM 選擇器會被轉譯成此元件的一個實例

❷　此元件的 HTML 模板──此例中為指向它的 URL

❸　元件專屬的樣式表，同樣指向另一個檔案

❹　元件類別與成員和函式

Angular 中的**元件**只是 TypeScript 類別，以一些屬性與元資料修飾。此類別封裝元件的所有資料與功能，而修飾子指定如何轉譯成 HTML。

應用程式的選擇器是 Angular 找出 HTML 網頁中特定元件的 CSS 選擇器。雖然我們使用元素選擇器（上面範例中的 `app-root`，它會轉譯成尋找 HTML 中的 `<app-root>` 元素），但它可以是從 CSS 類別到屬性等任何 CSS 選擇器。

`templateUrl` 是繪製此元件的 HTML 的路徑。我們也可以使用行內模板而非如範例一樣指定 `templateUrl`。此例中指向的模板是 *app.component.html*。

`styleUrls` 是對應模板的樣式表，它封裝此元件的所有樣式表。Angular 確保樣式表被封裝，因此無需擔心一個元件的 CSS 類別會影響其他元件。與 `templateUrl` 不同，`styleUrls` 是個陣列。

元件類別本身最終封裝元件的所有功能，可將此元件類別的責任視為兩個部分：

- 載入並保存繪製此元件的所有資料

- 處理元件中任何元素可能會發出的事件

類別中的資料會驅動元件的顯示。讓我們看一下此元件的模板：

```
<h1>
  {{title}}                          ❶
</h1>
```
❶　資料連結的標題

元件的 HTML 非常簡單。它只有一個元素，連結元件類別中的一個欄位。雙大括弧（`{{ }}`）語法指示 Angular 替換相對應類別變數。

此例中，應用程式載入並繪製後，`{{title}}` 會替換成 `app works!`。第 19 頁 "認識資料連結" 一節會更深入討論資料連結。

建構元件

前面處理了 Angular 的 CLI 產生的骨架程式碼。接下來看一下加入新元件。我們會使用 Angular 的 CLI 產生新元件並檢視它做的動作。然後我們會討論一些完成元件的基本任務。

建構新元件的步驟

使用 Angular 的 CLI 命令可建構新元件。我們先建構一個顯示股票名稱、代號、價格、漲跌的股票小工具。

從應用程式主目錄執行下列命令以建構新的 stock-item：

```
ng generate component stock/stock-item
```

注意幾件事：

- Angular 的 CLI 有個 generate 命令，可用於產生元件（如上面的例子），也可以產生其他 Angular 元素，例如介面、服務、模組等。

- 除目標型別外，我們還指定了元件的名稱（與目錄）。此例中我們告訴 Angular 的 CLI 要在 *stock* 目錄下產生稱為 stock-item 的元件。若未指定 stock，它會在應用程式目錄下產生稱為 stock-item 的元件。

此命令會產生新元件的相關檔案，包括：

- 元件定義（*stock-item.component.ts*）

- 相對應模板的定義（*stock-item.component.html*）

- 元件的樣式表（*stock-item.component.css*）

- 元件單元測試的骨架（*stock-item.component.spec.ts*）

此外，它更新前面見過的原始 app module，使我們的 Angular 應用程式能識別新模組。

下面是使用元件時建議的慣例：

- 檔名以建構項目的名稱開始

- 接著元素型別（此例中是 component）

- 最後是相關副檔名

如此能讓我們將檔案簡單分組。

執行此命令時會看到如下的訊息：

```
create src/app/stock/stock-item/stock-item.component.css
create src/app/stock/stock-item/stock-item.component.html
create src/app/stock/stock-item/stock-item.component.spec.ts
create src/app/stock/stock-item/stock-item.component.ts
update src/app/app.module.ts
```

元件的原始碼、HTML、CSS 還只是骨架，因此不再重複說明。重要的是新元件如何與我們的 Angular 應用程式掛鉤。讓我們看一下修改過的 *app.module.ts* 檔案：

```
import { BrowserModule } from '@angular/platform-browser';
import { NgModule } from '@angular/core';

import { AppComponent } from './app.component';
import { StockItemComponent } from './stock/stock-item/stock-item.component';   ❶

@NgModule({
  declarations: [
    AppComponent,
    StockItemComponent                    ❷
  ],
  imports: [
    BrowserModule
  ],
  providers: [],
  bootstrap: [AppComponent]
})
export class AppModule { }
```

❶　匯入新建構的 stock-item 元件

❷　將新元件加入 declarations

在應用程式模組中，我們必須確保我們的 Angular 應用程式在開始使用前，新元件被匯入並加到 declarations 陣列中。

使用新元件

我們已經建構了新元件，讓我們看一下如何在應用程式中使用。我們會在應用程式元件中使用這個骨架。首先，看一下產生出的 *stock-item.component.ts* 檔案：

```
import { Component, OnInit } from '@angular/core';

@Component({
  selector: 'app-stock-item',                         ❶
  templateUrl: './stock-item.component.html',
  styleUrls: ['./stock-item.component.css']
})
export class StockItemComponent implements OnInit {

  constructor() { }

  ngOnInit() {
  }

}
```

❶　使用此元件的選擇器。注意它前綴 app，這是 Angular 的 CLI 依預設加入的，你也可以自行指定。

此元件目前沒有資料也沒有任何功能；它只是繪製它的模板。此時模板也很簡單，只是輸出靜態的訊息。

要在應用程式中使用此元件，我們可以在主要應用程式元件中定義符合選擇器的元素。若有很多元件且階層很深，我們也可以在它們的模板中使用此元件。讓我們將 *app. component.html* 中的佔位內容替換成下面的內容，使我們可以繪製 stock-item 元件：

```
<div style="text-align:center">
  <h1>
    Welcome to {{ title }}!
  </h1>
  <app-stock-item></app-stock-item>                   ❶
</div>
```

❶　加入 stock-item 元件

只需將 <app-stock-item></app-stock-item> 加入 *app.component.html* 檔案就可以使用此元件。我們使用在元件中定義的選擇器建構一個元素，然後在載入應用程式時，Angular 會識別此元素為一個元件並觸發相關的程式碼。

執行此程式時（或 ng serve 還在執行中），你應該會在 UI 看到原來的 "app works" 與新的 "stock-item works"。

認識資料連結

接下來討論取得資料與找出如何將它顯示在元件中。我們正在建構股票小工具，它取得一些股票資訊並將其繪製出。

假設有個 Test Stock Company 公司的股票代碼為 TSC，目前股價為 $85，而之前的價格為 $80。在小工具中要顯示名稱、代號、目前價格、漲跌幅，綠代表漲而紅代表跌。

讓我們逐步進行。首先我們會確保顯示名稱與代號（目前先寫死，然後再從不同來源取得資料）。

我們可以如下改變元件程式碼（*stock-item.component.ts*）：

```
import { Component, OnInit } from '@angular/core';

@Component({
  selector: 'app-stock-item',
  templateUrl: './stock-item.component.html',
  styleUrls: ['./stock-item.component.css']
})
export class StockItemComponent implements OnInit {   ❶

  public name: string;                      ❷
  public code: string;
  public price: number;
  public previousPrice: number;

  constructor() { }

  ngOnInit() {                              ❸
    this.name = 'Test Stock Company';       ❹
    this.code = 'TSC';
    this.price = 85;
    this.previousPrice = 80;
  }
}
```

❶   實作 OnInit 介面，讓我們在元件初始化時取得掛鉤

❷   定義從 HTML 存取的各種欄位

❸ OnInit 函式在元件初始化時觸發

❹ 初始化每個欄位的值

Angular 給我們元件的掛鉤以於元件初始化、繪製視圖、摧毀等事件時採取動作。我們會擴充原本空洞的元件:

OnInit

Angular 的 OnInit 掛鉤在 Angular 框架建構元件與資料欄位初始化後執行。通常建議在 OnInit 掛鉤中執行元件的初始化工作,使其容易進行測試而無需觸發初始化流程。第 4 章會討論其餘掛鉤。

ngOnInit

要與元件的初始化階段掛鉤則必須實作 OnInit 介面(如範例所示),並在該元件中實作儲存你的初始化邏輯的 ngOnInit 函式。我們在 ngOnInit 函式中初始化繪製股票小工具的基本資訊。

類別成員變數

我們將幾個公開變數宣告成類別實例變數。此資訊會用來繪製模板。

接下來,讓我們修改模板(*stock-item.component.html*)以繪製此資訊:

```
<div class="stock-container">
  <div class="name"><h3>{{name}}</h3> - <h4>({{code}})</h4></div>
  <div class="price">$ {{price}}</div>
</div>
```

它的 CSS(*stock-item.component.css*):

```
.stock-container {
  border: 1px solid black;
  border-radius: 5px;
  display: inline-block;
  padding: 10px;
}

.stock-container .name h3, .stock-container .name h4 {
  display: inline-block;
}
```

注意此 CSS 只是設定外觀，對我們的 Angular 應用程式不是必要的。你可以完全略過它而功能還是正常。

修改後重新載入應用程式會在瀏覽器中看到如圖 2-2 所示的畫面。

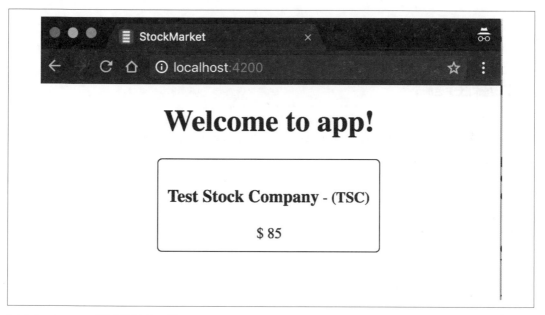

圖 2-2　Angular 股票資訊小工具

我們使用了一個基本的 Angular 功能將資料繪製到 HTML 上。我們使用了又稱為**插值**的雙大括弧記號法（{{ }}）。插值計算大括弧中間的運算式然後將結果字串繪製到 HTML 上。此例中，我們以插值繪製出股票名稱、代號、與價格。它求出股票名稱、代號、與價格，然後以值取得雙大括弧運算式，然後繪製到 UI 上。

這是 Angular 的單向資料連結。單向資料連結指以元件中的值更新 UI，然後在元件中的值有變化時持續更新 UI。若沒有單向資料連結，我們就必須寫程式取出元件中的值、找到正確的 HTML 元素、更新其值。然後我們還得寫傾聽 / 監視程序追蹤元件值的變化，並於有變化時更新其值。有了資料連結就可以不用寫這些程式。

此例中，我們連結了簡單的變數，但它不只能連結簡單的變數。運算式可以更複雜。舉例來說，我們可以將運算式改成下面這樣：

```
<div class="stock-container">
    <div class="name">{{name + ' (' + code + ')'}}</div>
  <div class="price">$ {{price}}</div>
</div>
```

此例中，我們將元素改成單一 div。插值運算式現在結合了名稱與加上括號的代號。Angular 會將它當做一般 JavaScript 處理並回傳字串值給 UI。

認識屬性連結

前面我們使用了插值從元件取得資料寫到 HTML 中。但 Angular 不只提供連結字串，還有 DOM 元素屬性。它能讓我們修改繪製在瀏覽器中的 HTML 的內容與行為。

舉例來說，讓我們修改股票小工具以用紅綠表示漲跌。我們可以先修改元件（*stock-item. component.ts*）以計算漲跌：

```
import { Component, OnInit } from '@angular/core';

@Component({
  selector: 'app-stock-item',
  templateUrl: './stock-item.component.html',
  styleUrls: ['./stock-item.component.css']
})
export class StockItemComponent implements OnInit {

  public name: string;
  public code: string;
  public price: number;
  public previousPrice: number;
  public positiveChange: boolean;

  constructor() { }

  ngOnInit() {
    this.name = 'Test Stock Company';
    this.code = 'TSC';
    this.price = 85;
    this.previousPrice = 80;
    this.positiveChange = this.price >= this.previousPrice;
  }
}
```

此程式中，我們加入 positiveChange 公開變數，其型別為 boolean，然後根據前後價格設定值。它給了我們判斷顏色的 boolean 值。

接下來，讓我們在 *stock-item.component.css* 檔案中加入一些類別以改變文字顏色：

```css
.stock-container {
  border: 1px solid black;
  border-radius: 5px;
  display: inline-block;
  padding: 10px;
}

.positive {
  color: green;
}

.negative {
  color: red;
}
```

我們加入了 positive 與 negative 兩個類別，它們將文字顏色改為綠與紅。接下來看看如何在 *stock-item.component.html* 檔案中使用此資訊與類別：

```html
<div class="stock-container">
  <div class="name">{{name + ' (' + code + ')'}}</div>
  <div class="price"
       [class]="positiveChange ? 'positive' : 'negative'">$ {{price}}</div>
</div>
```

我們在 price 這個 div 元素加上新的連結：

```
[class]="positiveChange ? 'positive' : 'negative'"
```

這是 Angular 的屬性連結語法，它連結運算式的值與方括號間的 DOM 屬性。[] 是可用於元素上任何屬性以單向連結元件到 UI 的通用語法。

此例中，我們告訴 Angular 連結 DOM 元素的類別屬性到運算式的值。Angular 將它當做一般 JavaScript 運算式計算並指派值（此例中為正）給 div 元素的類別屬性。

如範例所示連結類別屬性時，要注意它會覆寫屬性的目前值。範例中，"price" 類別被 "positive" 類別取代而非加入現有值中。你可以從瀏覽器檢查繪製出的 HTML 來檢驗。直接連結 class 屬性時要注意這一點。

若元件的 positiveChange 變數值改變，Angular 會自動的重新計算 HTML 中的運算式並更新。嘗試改變價格為跌然後重新載入 UI 以確保它正確運作。

注意我們明確的表示資料連結操作的是 DOM 屬性而非 HTML 屬性。下面有兩者差異與其重要性更詳細的說明。但簡單來說，Angular 的資料連結只操作 DOM 屬性而非 HTML 屬性。

HTML 屬性與 DOM 屬性：有何不同？

如前述，在 Angular 中的資料連結操作 DOM 屬性而非 HTML 屬性。HTML 屬性由 HTML 定義，而 DOM 屬性由 Document Object Model 定義。雖然有些 HTML 屬性（例如 ID 與類別）直接對應到 DOM 屬性，但有些則只有一方有。

更重要的是，HTML 屬性通常用於初始化 DOM 元素，之後就對元素沒有作用。元素初始化後的行為由 DOM 屬性控制。

以下面的 input 這個 HTML 元素為例。若 HTML 如下：

```
<input type="text" value="foo"/>
```

它會初始化 input 這個 DOM 元素，而 value 這個 DOM 屬性初始值為 foo。假設我們在文字框輸入 bar，此時：

- 執行 input.getAttribute('value') 會回傳 foo，它是初始 HTML 的屬性值。
- 執行 input.value 會取得 DOM 屬性的目前值 bar。

也就是說，HTML 屬性用於設定 DOM 元素的初始值，之後由 DOM 屬性控制行為。檢查 HTML 還是看到原始的 HTML 而沒有更改。

因此我們在 Angular 中連結 DOM 屬性而非 HTML 屬性。思考元件到 UI 的單向連結時要記住這件事！

如同前面的 class 屬性，我們可以連結其他的 HTML 屬性，例如 img 標籤的 src 屬性或 input 與 button 的 disabled 屬性。下一章會更深入的討論這個部分。下一章還會討論連結 CSS 類別更簡單的特定方法。

認識事件連結

前面在元件中使用了資料繪製值並改變元件的外觀。這一節討論如何處理使用者的互動與 Angular 的事件連結。

假設我們想要有個按鈕能讓使用者將股票加入清單中。一般來說,這種按鈕被點擊時會向伺服器發出一些呼叫然後處理結果。前面我們只有處理過非常簡單的範例,接下來讓我們處理元件中的點擊。讓我們看看要如何處理。

首先,我們可以在 *stock-item.component.ts* 中的元件程式碼加入點擊時觸發的 `toggleFavorite` 函式:

```
import { Component, OnInit } from '@angular/core';

@Component({
  selector: 'app-stock-item',
  templateUrl: './stock-item.component.html',
  styleUrls: ['./stock-item.component.css']
})
export class StockItemComponent implements OnInit {

  public name: string;
  public code: string;
  public price: number;
  public previousPrice: number;
  public positiveChange: boolean;
  public favorite: boolean;

  constructor() { }

  ngOnInit() {
    this.name = 'Test Stock Company';
    this.code = 'TSC';
    this.price = 85;
    this.previousPrice = 80;
    this.positiveChange = this.price >= this.previousPrice;
    this.favorite = false;
  }

  toggleFavorite() {
    console.log('We are toggling the favorite state for this stock');
    this.favorite = !this.favorite;
  }

}
```

我們加入稱為 favorite 的新布林成員變數，初始值為 false。然後加入 toggleFavorite() 函式以翻轉 favorite 的布林值。我們還在控制台輸出紀錄以確定它被觸發。

接下來更新 UI 以使用 favorite 並讓使用者翻轉狀態：

```
<div class="stock-container">
  <div class="name">{{name + ' (' + code + ')'}}</div>
  <div class="price"
      [class]="positiveChange ? 'positive' : 'negative'">$ {{price}}</div>
  <button (click)="toggleFavorite()"
          [disabled]="favorite">Add to Favorite</button>
</div>
```

我們在 *stock-item.component.html* 檔案中加入新的按鈕以讓使用者點擊並新增股票。我們對 disabled 屬性使用前一節的資料連結概念。因此，我們根據 favorite 的值停用此按鈕。若 favorite 為 true，則按鈕被停用，若為 false 則啟用。因此，按鈕預設為啟用。

此元素上另一個主要修改是：

```
(click)="toggleFavorite()"
```

此語法在 Angular 稱為**事件連結**。等號左邊的部分是要連結的事件。此例中是 click 事件。如同方括號記號法指資料從元件流向 UI，括號記號法指事件。而括號間的名稱是事件的名稱。

此例中，我們告訴 Angular 要注意此元素的 click 事件。等號右邊的部分指 Angular 應該在事件發生時執行的模板陳述。此例中，我們想要它執行新建構的 toggleFavorite 函式。

從瀏覽器執行此應用程式會看到新按鈕。點擊會繪製出如圖 2-3 所示的畫面。

注意 Angular 的資料連結。點擊按鈕時會執行 toggleFavorite 函式將 favorite 值從 false 翻轉成 true，然後觸發其他的 Angular 連結，也就是按鈕的 disabled 屬性，因此在第一個點擊後停用該按鈕。我們無需做其他動作，這就是資料連結美妙的地方。

圖 2-3　在 Angular 應用程式中處理事件

有時候我們也會注意實際觸發事件。在這種情況下，Angular 可讓你透過 $event 這個特殊變數存取底層 DOM 事件。你可以存取它或傳遞給函式：

```html
<div class="stock-container">
  <div class="name">{{name + ' (' + code + ')'}}</div>
  <div class="price"
      [class]="positiveChange ? 'positive' : 'negative'">$ {{price}}</div>
  <button (click)="toggleFavorite($event)"
          [disabled]="favorite">Add to Favorite</button>
</div>
```

我們在此 HTML 中加入 $event 的參考並作為 toggleFavorite 函式的參數。接下來可以在我們的元件中如此參考：

```typescript
import { Component, OnInit } from '@angular/core';

@Component({
  selector: 'app-stock-item',
  templateUrl: './stock-item.component.html',
  styleUrls: ['./stock-item.component.css']
})
export class StockItemComponent implements OnInit {

  public name: string;
  public code: string;
  public price: number;
  public previousPrice: number;
  public positiveChange: boolean;
  public favorite: boolean;

  constructor() { }

  ngOnInit() {
    this.name = 'Test Stock Company';
    this.code = 'TSC';
    this.price = 85;
    this.previousPrice = 80;
    this.positiveChange = this.price >= this.previousPrice;
    this.favorite = false;
  }

  toggleFavorite(event) {
    console.log('We are toggling the favorite state for this stock', event);
```

```
    this.favorite = !this.favorite;
  }

}
```

執行此應用程式會看到點擊按鈕時控制台記錄被實際觸發的 `MouseEvent`。

以類似的方式，我們可以與其他標準 DOM 事件掛鉤，例如 `focus`、`blur`、`submit` 等。

為何 Angular 轉向屬性與事件連結

曾經使用過 AngularJS 的人會問為何此框架的開發者決定要做出如此重大的改變。連結語法、指令、符號均大幅的改變。AngularJS 有 `ng-bind` 與 `ng-src` 等控制程序與 UI 的連結，以及 `ng-click` 與 `ng-submit` 等事件處理指令。

這表示在 AngularJS 中要連結新事件或屬性時，必須寫出新的指令將 AngularJS 轉換成內部工作且反之亦然。

另一個 AngularJS 語法的問題是，從控制程序到 UI 或從 UI 到控制程序間的資料流沒有明顯的區別。兩種流向都使用相同的語法，這使得 HTML 難以理解並要求開發者必須先認識每一個指令。

Angular 則依靠核心 DOM 屬性與事件作連結。這表示若屬性或事件是 HTML 的標準我們就可以連結。如此也讓顯露特定屬性與事件的元件很容易操作，Angular 可直接操作它們而無需另行撰寫程式碼。這也讓 `ng-click` 與 `ng-submit` 等 AngularJS 指令可以廢棄，使開發者能快速的理解與使用 Angular。你無需花很多時間學習 Angular 的專屬知識。

此外，方括號與括號記號法使資料流變得很清楚。看到方括號就知道資料從元件流向 HTML，看到括號記號法就知道它指事件且從使用者動作流向元件。

使用模型做出更清楚的程式碼

這一章最後要討論一些最佳實踐以外的東西，它值得採用──特別是使用 Angular 建構大型可維護網頁應用程式時。我們想要以封裝確保元件不會在低階抽象與屬性上運作，如同前面的股票小工具的個別名稱與價格等。同時間，我們想要使用 TypeScript 以使應用程式與其行為容易理解。因此我們應該將股票設計成 TypeScript 的型別並如此運用。

我們使用 TypeScript 的方式是定義一個具有股票定義的介面或類別，並一致的用於應用程式中。此例中，由於我們除了值之外還想要額外的邏輯（例如計算漲跌），因此我們可以使用類別。

我們可以使用 Angular 的 CLI 快速的產生類別骨架：

```
ng generate class model/stock
```

它會在 *model* 目錄下產生 *stock.ts* 空白骨架。我們可以將它修改成這樣：

```
export class Stock {
  favorite: boolean = false;

  constructor(public name: string,
              public code: string,
              public price: number,
              public previousPrice: number) {}

  isPositiveChange(): boolean {
    return this.price >= this.previousPrice;
  }
}
```

它是在應用程式中使用股票時很好的一個封裝。注意我們沒有實際定義 name 與 code 等變數為類別的屬性。這是因為我們使用 TypeScript 的縮寫語法，以根據建構元參數的 public 關鍵字自動的產生相對應的屬性。更多 TypeScript 類別的資訊見官方文件（*https://www.typescriptlang.org/docs/handbook/classes.html*）。總而言之，我們建構了有五個屬性的類別，四個屬性來自建構元而一個是自動初始化的。讓我們看看可以在元件中如何使用：

```
import { Component, OnInit } from '@angular/core';

import { Stock } from '../../model/stock';

@Component({
  selector: 'app-stock-item',
  templateUrl: './stock-item.component.html',
  styleUrls: ['./stock-item.component.css']
})
export class StockItemComponent implements OnInit {

  public stock: Stock;

  constructor() { }
```

```
ngOnInit() {
  this.stock = new Stock('Test Stock Company', 'TSC', 85, 80);
}

toggleFavorite(event) {
  console.log('We are toggling the favorite state for this stock', event);
  this.stock.favorite = !this.stock.favorite;
}

}
```

我們在 *stock-item.component.ts* 的上面匯入新的模型定義，然後以 Stock 型別變數替換所有個別的成員變數。它大幅簡化元件程式碼，並將邏輯與底層功能封裝在 TypeScript 的型別中。接下來看看 *stock-item.component.html* 如何跟著改變：

```
<div class="stock-container">
  <div class="name">{{stock.name + ' (' + stock.code + ')'}}</div>
  <div class="price"
       [class]="stock.isPositiveChange() ? 'positive' : 'negative'">
    $ {{stock.price}
  </div>
  <button (click)="toggleFavorite($event)"
          [disabled]="stock.favorite">Add to Favorite</button>
</div>
```

我們對 HTML 中的股票項目做了一些修改。首先，大部分的變數參考現在要透過 stock 變數而非直接存取。因此 name 變成 stock.name，而 code 變成 stock.code，以此類推。

還有，class 屬性連結現在指向函式而非變數。這是可接受的，因為函式也是合法的表示式。Angular 會對函式求值並使用回傳值判斷最終運算值。

總結

我們在這一章建構第一個 Angular 應用程式。我們學到如何啟動 Angular 應用程式，以及認識 Angular 應用程式骨架各個部分的需求與使用。然後我們建構第一個元件，並檢視了如何與應用程式掛鉤的步驟。

接著我們加入一些基本資料到元件中，然後以它使用插值與屬性連結認識 Angular 資料連結的運作。然後我們檢視事件連結如何運作並以其處理使用者互動。最後我們將一些資訊封裝在 TypeScript 的類別中，以確保程式碼的清晰與模組化。

下一章會討論一些 Angular 提供的基本指令,以及它如何讓我們有效的操作模板。

練習

每一章後面有個選擇性的練習讓你實際撰寫 Angular 程式。此練習會貫穿本書並逐步增加功能。

練習的最終程式碼放在 GitHub 的各個章節目錄下。寫不出來或想要比較時可以參考它。當然,解決問題的方式有很多種,因此它只是其中一種。你的解決方案可能有一點不同。

第一個練習:

1. 啟動新專案以建構一個電子商務網站。

2. 建構元件以顯示一個產品。

3. 產品元件應該顯示名稱、價格、與產品圖片。你可以用預設值初始化元件。使用任意圖片。

4. 若產品正在促銷則整個元素以不同顏色凸顯。產品是否正在促銷是產品的一個屬性。

5. 加入按鈕以增加或減少購物車中的數量。購物車中的數量應該在 UI 中顯示。若數量為零則停用按鈕。

以上功能皆能用這一章討論過的概念實現。解答見 *chapter2/exercise/ecommerce*。

第三章

使用 Angular 內建指令

我們在前一章建構了第一個 Angular 應用程式,並知道如何使用 Angular 的 CLI 啟動新專案與建構元件。我們基本上也知道如何使用 Angular 的資料與事件連結機制。

這一章會先認識 Angular 的指令是什麼以及與元件有什麼差別。然後我們會討論一些 Angular 提供的基本指令並套用在合適的地方。最後你應該能使用 Angular 提供的指令並知道使用它們的時機。

指令與元件

Angular 的指令能讓你對 HTML 中的元素加上一些功能。如同前面章節所述,Angular 的元件是同時提供功能與 UI 邏輯的指令。它基本上是封裝行為與繪製邏輯的元素。

另一方面,非元件指令通常修改並作用於現有元素。它們可分成兩類:

屬性指令

　　屬性指令改變元素或元件的外觀或行為。稍後會討論的 NgClass 與 NgStyle 是屬性指令的例子。

結構指令

結構指令以增加或刪除元素改變 DOM。例如稍後會討論的 NgIf 與 NgFor 指令。

內建屬性指令

我們先探索屬性指令。Angular 提供 NgClass 與 NgStyle 這兩個基本屬性指令。它們用於替代前面討論過的類別與樣式連結。

 我們通常以類別的名稱參考指令,因此直接參考 NgClass 或 NgIf。但同一個指令用於 HTML 屬性時通常使用駱駝大小寫,例如 ngClass 或 ngIf。閱讀時要記得。

NgClass

NgClass 指令可讓我們套用或刪除 HTML 中的元素的多個 CSS 類別。之前,對元素套用單一類別以凸顯漲跌是這樣:

```
<div [class]="stock.isPositiveChange() ? 'positive' : 'negative'">
  $ {{stock.price}}
</div>
```

此例中,我們檢查一個布林值然後決定套用 positive 或 negative。若要套用多個 CSS 類別呢?都是依條件呢?你必須寫程式根據多個條件產生字串,因此有個字串會代表要套用的所有類別。

這樣的程式不好撰寫與維護。為了處理這種狀況,Angular 提供了 NgClass 指令,它以有個 JavaScript 物件作為輸入。Angular 將物件中每個值為真的鍵作為元素類別加入(鍵本身而非其值!)。同樣的,物件中每個值為偽的鍵會從元素類別中移除。

JavaScript 中的真與偽

JavaScript 容許在條件中使用非布林值。因此,相較於 true 與 false,整組值等於真與偽。在 JavaScript 中,下列值視為偽:

- undefined
- null
- NaN
- 0
- ""(空字串)
- false(布林值)

其他值視為真,包括但不限於:

- 非零數字
- 非空字串
- 非空物件或陣列
- true(布林值)

另一種記憶方式是任何非偽值均為真。我們在應用程式中會經常用到這些概念。

讓我們看個例子。假設我們要擴充前面的範例,相較於漲跌類別,我們加入另一個類別來表示大或小漲跌。漲跌小於 1% 時為小漲跌(CSS 類別為 small-change);漲跌大於 1% 時為大漲跌(CSS 類別為 large-change)。

我們會修改前面的範例,可從 GitHub 下載(*https://github.com/shyamseshadri/angular-up-and-running*)。程式碼在 *chapter2/stock-market* 目錄下。

首先我們在 *src/app/stock/stock-item/stock-item.component.css* 檔案中加入新類別:

```css
.stock-container {
  border: 1px solid black;
  border-radius: 5px;
  display: inline-block;
  padding: 10px;
}

.positive {
  color: green;
```

```
}

.negative {
  color: red;
}

.large-change {
  font-size: 1.2em;
}

.small-change {
  font-size: 0.8em;
}
```

接下來修改元件類別以計算並保存 JSON 物件。我們修改 *src/app/stock/stock-item/stock-item.component.ts* 檔案以計算前後價格的差，然後建構物件以保存要套用的所有類別：

```
import { Component, OnInit } from '@angular/core';

import { Stock } from '../../model/stock';

@Component({
  selector: 'app-stock-item',
  templateUrl: './stock-item.component.html',
  styleUrls: ['./stock-item.component.css']
})
export class StockItemComponent implements OnInit {

  public stock: Stock;
  public stockClasses;

  constructor() { }

  ngOnInit() {
    this.stock = new Stock('Test Stock Company', 'TSC', 85, 80);
    let diff = (this.stock.price / this.stock.previousPrice) - 1;
    let largeChange = Math.abs(diff) > 0.01;
    this.stockClasses = {
      "positive": this.stock.isPositiveChange(),
      "negative": !this.stock.isPositiveChange(),
      "large-change": largeChange,
      "small-change": !largeChange
    };
  }

  toggleFavorite(event) {
```

```
    console.log('We are toggling the favorite state for this stock', event);
    this.stock.favorite = !this.stock.favorite;
  }

}
```

我們在元件程式碼中建構帶有四個鍵的 stockClasses 物件：positive、negative、large-change、small-change。這四個鍵會根據前後價格計算出 true 或 false 值。

接下來看看如何使用 NgClass 指令在 *src/app/stock/stock-item/stock-item.component.html* 檔案中替換類別連結：

```
<div class="stock-container">
  <div class="name">{{stock.name + ' (' + stock.code + ')'}}</div>
  <div class="price"
       [ngClass]="stockClasses">$ {{stock.price}}</div>
  <button (click)="toggleFavorite($event)"
          [disabled]="stock.favorite">Add to Favorite</button>
</div>
```

將：

```
[class]="stock.isPositiveChange() ? 'positive' : 'negative'"
```

替換成：

```
[ngClass]="stockClasses"
```

接下來從瀏覽器執行此應用程式（ng serve，如果你忘記的話），你會看到修改後的變化。價格以綠色顯示，字形較大，因為它套用 positive 與 large-change 類別。你可以修改元件類別中的前後價格以檢視不同的組合。

另一件要注意的變化是類別連結會覆寫元素的初始類別，而 NgClass 指令會維持元素的類別。

完成的範例可從 GitHub 的 *chapter3/ng-class* 目錄下載。

若要視條件對元素套用不同 CSS 類別時，應該考慮使用 NgClass 指令。它讓類別的套用容易判斷與理解，也讓選取類別的邏輯因從元素中分離而容易進行單元測試。

NgStyle

NgStyle 指令等同低階的 NgClass 指令。它的運作方式類似 NgClass，依 JSON 物件的值與鍵套用，但 NgStyle 指令在 CSS 的樣式／屬性層級運作。它取用的鍵與值是 CSS 屬性而非類別名稱。

我們的 NgClass 範例使用簡單的 CSS 類別改變一個 CSS 屬性，讓我們看看如何改為 NgStyle 指令。首先，我們必須修改 *src/app/stock/stock-item/stock-item.component.ts* 檔案，以工具股價建構樣式物件：

```typescript
import { Component, OnInit } from '@angular/core';

import { Stock } from '../../model/stock';

@Component({
  selector: 'app-stock-item',
  templateUrl: './stock-item.component.html',
  styleUrls: ['./stock-item.component.css']
})
export class StockItemComponent implements OnInit {

  public stock: Stock;
  public stockStyles;

  constructor() { }

  ngOnInit() {
    this.stock = new Stock('Test Stock Company', 'TSC', 85, 80);
    let diff = (this.stock.price / this.stock.previousPrice) - 1;
    let largeChange = Math.abs(diff) > 0.01;
    this.stockStyles = {
      "color": this.stock.isPositiveChange() ? "green" : "red",
      "font-size": largeChange ? "1.2em" : "0.8em"
    };
  }

  toggleFavorite(event) {
    console.log('We are toggling the favorite state for this stock', event);
    this.stock.favorite = !this.stock.favorite;
  }

}
```

與前一節相同，我們必須建構 stockStyles 物件。我們在初始化程式碼中以 color 與 font-size 鍵初始化 stockStyles 物件。其值為根據股價產生的 CSS 屬性。然後我們使用 stockStyles 物件作為 NgStyle 指令的輸入。

接下來修改 *src/app/stock/stock-item/stock-item.component.html* 檔案以使用此資訊：

```
<div class="stock-container">
  <div class="name">{{stock.name + ' (' + stock.code + ')'}}</div>
  <div class="price"
       [ngStyle]="stockStyles">$ {{stock.price}}</div>
  <button (click)="toggleFavorite($event)"
          [disabled]="stock.favorite">Add to Favorite</button>
</div>
```

我們加入 NgStyle 指令的連結：

```
[ngStyle]="stockStyles"
```

Angular 會尋找 stockStyles 物件的鍵與值，並將這些特定樣式加入到 HTML 元素中。你可以執行此應用程式並修改前後價格以觀察變化。

上面這個範例的程式碼可從 GitHub 的 *chapter3/ng-style* 目錄下載。

通常建議使用類別或 NgClass 連結來改變應用程式的外觀，但 NgStyle 提供另一種做法以供（因某種原因）無法使用類別時改變元素的 CSS 樣式。

另一種類別與樣式連結語法

前面的章節討論過 [class] 類別連結語法以及 NgClass 動態的對元素加入類別。類別與樣式還有第三種做法，它使用純量版本的類別與樣式連結來新增或刪除一個特定類別 / 樣式，而不是全有或全無的 [class] 連結。

我們可以用下列語法根據運算式的真偽新增或刪除一個特定類別：

```
[class.class-name]="expression"
```

我們會以要對元素套用或刪除的特定 CSS 類別替換 class-name，並以回傳真或偽的 JavaScript 運算式替換 expression。

讓我們修改股票範例以使用此語法套用或刪除 positive 與 negative 類別。我們無需修改元件或 CSS，只需要對 *src/app/stock/stock-item/stock-item.component.html* 檔案做以下的修改：

```
<div class="stock-container">
  <div class="name">{{stock.name + ' (' + stock.code + ')'}}</div>
  <div class="price"
      [class.positive]="stock.isPositiveChange()"
      [class.negative]="!stock.isPositiveChange()">$ {{stock.price}}</div>
  <button (click)="toggleFavorite($event)"
          [disabled]="stock.favorite">Add to Favorite</button>
</div>
```

注意這兩行：

```
[class.positive]="stock.isPositiveChange()"
[class.negative]="!stock.isPositiveChange()"
```

我們告訴 Angular 若上漲（根據 stock.isPositiveChange()）則套用 positive 類別，若不是則刪除它。對 negative 也是一樣。這只新增 / 刪除一兩個類別是處理 CSS 類別的簡單方式。注意類別名稱中有一槓時也可行，例如：

```
[class.large-change]="someExpressionHere"
```

若 someExpressionHere 為真時會套用 large-change 類別。還要注意它不會動到元素原來的類別（price 類別），而 [class] 連結會動到。這是這種語法的另一個好處。

因此處理一兩個以上的類別時最好使用 NgClass 指令，這麼做比較容易管理與測試。

樣式連結的做法也類似：

```
[style.background-color]="stock.isPositiveChange() ? 'green' : 'red'"
```

更多樣式連結資訊見 Angular 官方文件（*https://angular.io/guide/template-syntax#style-binding*）。

內建結構指令

如前述，結構指令負責改變 HTML 佈局，從 DOM 新增、修改、或刪除元素。如同其他非元件指令，結構指令套用在已經存在的元素上以操作元素的內容。

Angular 的結構指令有特定的語法，能使結構指令很容易與一般指令區分。Angular 的結構指令都以星號（*）開始：

```
<div *ngIf="stock.favorite"></div>
```

不像資料或事件連結語法，它沒有方括號或括號，只是 *ngIf 加上運算式。Angular 會識別運算式並轉譯成最終的 HTML。更多資訊見下面的說明。

語法與推論

你可能會對星號語法感到好奇，這是當然的。星號語法是語意縮寫，由 Angular 轉換成一系列的步驟以產生最終結果。事實上，與資料 / 事件連結指令不同，結構指令是 Angular 完成特定動作的微語法。

如果不想知道 Angular 的內部運作方式可略過這一節。

讓我們看看 Angular 如何將簡單的運算式轉譯成最終結果。例如：

```
<div *ngIf="stock.favorite">
  <button>Remove from favorite</button>
</div>
```

Angular 會識別結構指令並將它轉換成模板指令：

```
<div template="ngIf stock.favorite">
  <button>Remove from favorite</button>
</div>
```

此模板指令使用 Angular 的微語法，並被轉譯成包圍特定元素的 Angular 模板：

```
<ng-template [ngIf]="stock.favorite">
  <div>
    <button>Remove from favorite</button>
  </div>
</ng-template>
```

最後，內層 div 會根據 stock.favorite 值繪製到 DOM 上或移除。技術上可以使用這些語法達成同樣的效果，但為一致性與可讀性還是建議這麼做。

NgIf

我們先討論常見的 `NgIf` 結構指令。`NgIf` 指令能依條件隱藏或顯示元素。如前述,其語法從星號開始依條件隱藏或顯示元素。

`NgIf` 使用結構指令中最簡單的微語法求出運算式的值。它使用 JavaScript 的真值概念(前面討論過),因此布林的真、非零數字、非空字串、非空物件都會視為真。這在特定物件存在且非空而顯示時很方便。

我們會使用前面的範例,可從 GitHub 下載(*https://github.com/shyamseshadri/angular-up-and-running*)。程式在 *chapter2/stock-market* 目錄下。

讓我們修改 Add to Favorite 按鈕,讓它在股票已經加入時隱藏而非停用。我們無需修改元件或 CSS,只需將 *src/app/stock/stock-item/stock-item.component.html* 修改如下:

```
<div class="stock-container">
  <div class="name">{{stock.name + ' (' + stock.code + ')'}}</div>
  <div class="price"
      [class]="stock.isPositiveChange() ? 'positive' : 'negative'">
      $ {{stock.price}}
  </div>
  <button (click)="toggleFavorite($event)"
          *ngIf="!stock.favorite">Add to Favorite</button>
</div>
```

我們對 button 加上 `*ngIf="!stock.favorite"` 條件。它告訴 Angular 若該股票沒有加入則加上此元素,若有則從 DOM 中移除。接下來載入網頁時你會看到此按鈕。點擊 Add to Favorite 按鈕後此股票被加入。Angular 會自動的隱藏該按鈕。

檢視此網頁的 HTML 會發現該元素確實從 DOM 中移除。

刪除與隱藏元素

為何 `*ngIf` 刪除元素而非透過 CSS 隱藏?因為效能與影響。Angular 持續傾聽 DOM 中所有元素的事件。從 DOM 刪除元素是減少效能影響的好方法,特別是資源密集的元件(圖形或自動更新的小工具等)。它在條件翻轉時稍微無效率(因為涉及 DOM 的新增與刪除),但整體來看比較有效率。

NgIf 與稍後討論的 NgFor 指令都是重要指令。它們執行很多工作並在應用程式中大量使用。

NgFor

NgIf 指令依條件顯示 / 隱藏元素，而 NgFor 指令建構多個元素，通常是每個陣列元素建構一個。通常會有個模板，然後每個物件實例以該模板建立一個實例。

NgFor 或 *NgForOf*

本書的 NgFor 指 *ngFor 指令。但技術上 *ngFor 指令使用底層的 NgForOf 類別。因此 NgFor 與 NgForOf 對 Angular 中的 *ngFor 指令是同一個東西。

NgFor 使用特殊的微語法，有一組必要與選擇性的部分。讓我們修改第 2 章的範例以顯示股票清單而非個別股票。

首先修改 *src/app/stock/stock-item.component.ts* 檔案，以使用股票陣列而非個別股票：

```
import { Component, OnInit } from '@angular/core';

import { Stock } from '../../model/stock';

@Component({
  selector: 'app-stock-item',
  templateUrl: './stock-item.component.html',
  styleUrls: ['./stock-item.component.css']
})
export class StockItemComponent implements OnInit {

  public stocks: Array<Stock>;

  constructor() { }

  ngOnInit() {
    this.stocks = [
      new Stock('Test Stock Company', 'TSC', 85, 80),
      new Stock('Second Stock Company', 'SSC', 10, 20),
      new Stock('Last Stock Company', 'LSC', 876, 765)
    ];
  }
```

```
toggleFavorite(event, index) {
  console.log('We are toggling the favorite state for stock', index, event);
  this.stocks[index].favorite = !this.stocks[index].favorite;
  }
}
```

一般來說，我們想要讓 stock-item 只對應一支股票，但這個範例不這麼做。我們將 stock 改為 stocks 陣列。然後我們初始化一些假股票。最後，我們將 toggleFavorite 改為輸入 index 參數而不是操作目前股票。

接下來看看如何修改 *src/app/stock/stock-item.component.html* 的 HTML，以使用 NgFor 指令：

```
<div class="stock-container" *ngFor="let stock of stocks; index as i">
  <div class="name">{{stock.name + ' (' + stock.code + ')'}}</div>
  <div class="price"
      [class]="stock.isPositiveChange() ? 'positive' : 'negative'">
      $ {{stock.price}}
  </div>
  <button (click)="toggleFavorite($event, i)"
          [disabled]="stock.favorite">Add to Favorite</button>
</div>
```

我們以 NgFor 指令更新父容器。讓我們深入探索如何使用它：

```
*ngFor="let stock of stocks; index as i"
```

此微語法的第一個部分基本上是 for 迴圈。我們建構稱為 stock 的模板實例變數，它的範圍在元素中。這等於標準的 for-each 迴圈加上指向陣列中個別項目的 stock 變數。分號後面的第二個部分建構另一個模板實例變數 i，它保存目前索引值。稍後會討論其他屬性。

對此陳述，Angular 會為 stocks 陣列中的每個項目，重複一次 stock-container 這個 div 元素，因此最終在 HTML 中建構出三個元素。你會在螢幕上看到如圖 3-1 所示的畫面。

圖 3-1　使用 *ngFor 的 Angular 應用程式

Angular 封裝 stock 與 i 變數，使每個模板實例有自己的一份拷貝。因此，從元素內參考 stock.name 時，Angular 會挑選正確的股票並顯示它的名稱。點擊 Add to Favorite 按鈕時會傳遞正確的索引並停用它的按鈕。

類似索引，NgFor 指令背景中還有其他區域值叮指派區域變數名稱（例如 i），並連結到不同值：

index
　　指向目前元素索引

even
　　項目索引是雙數時為 true

odd
　　項目索引是單數時為 true

first
　　項目是陣列第一個項目時為 true

last
　　項目是陣列最後一個項目時為 true

然後你可以使用這些變數連結 CSS 類別、在 UI 中顯示、或執行其他運算。舉例來說，若要對雙數索引項目加上 even-item 類別，你可以使用如下的連結：

```
[css.even-item]="isEven"
```

在 NgFor 微語法中指派 even 給 isEven 變數：

```
*ngFor="let stock of stocks; even as isEven; index as i"
```

NgFor 指令能與 Angular 辨識元素掛鉤並避免重複建構元素實例。預設上，Angular 使用物件的識別編號來追蹤陣列的新增、修改、刪除。也就是只要物件參考不變，Angular 不會建構新的元素並重複使用舊元素參考。這主要是為了效能，因為新增 / 刪除元素是瀏覽器中成本最高的操作。

有些情況下元素參考可能會更改，但你仍希望繼續使用相同的元素。舉例來說，當你從伺服器獲取新資料時，除非資料已基本更改，否則你不希望清除清單並重新建構它。這就是 NgFor 指令的 trackBy 功能發揮作用的時候。

trackBy 選項採用具有兩個參數的函式：索引和項目。如果 trackBy 函式被提供給 NgFor 指令，那麼它將使用函式的回傳值來決定如何識別個別元素。例如，在我們的特定案例下，我們可能希望使用股票代碼而不是物件參考作為識別。

首先，我們在 *src/app/stock/stock-item.component.ts* 中加入追蹤個別項目的函式：

```
import { Component, OnInit } from '@angular/core';

import { Stock } from '../../model/stock';

@Component({
  selector: 'app-stock-item',
  templateUrl: './stock-item.component.html',
  styleUrls: ['./stock-item.component.css']
})
export class StockItemComponent implements OnInit {

  public stocks: Array<Stock>;

  constructor() { }

  ngOnInit() {
    this.stocks = [
      new Stock('Test Stock Company', 'TSC', 85, 80),
      new Stock('Second Stock Company', 'SSC', 10, 20),
      new Stock('Last Stock Company', 'LSC', 876, 765)
```

```
    ];
  }

  toggleFavorite(event, index) {
    console.log('We are toggling the favorite state for stock', index, event);
    this.stocks[index].favorite = !this.stocks[index].favorite;
  }

  trackStockByCode(index, stock) {
    return stock.code;
  }
}
```

我們加入 trackStockByCode 函式。我們使用索引與股票代碼並回傳 stock.code。Angular 會使用此值識別各個元素。

接下來，我們修改 *src/app/stock/stock-item/stock-item.component.html* 檔案，以將此函式傳給 NgFor 指令：

```
<div class="stock-container"
    *ngFor="let stock of stocks; index as i; trackBy: trackStockByCode">
  <div class="name">{{stock.name + ' (' + stock.code + ')'}}</div>
  <div class="price"
      [class]="stock.isPositiveChange() ? 'positive' : 'negative'">
      $ {{stock.price}}
  </div>
  <button (click)="toggleFavorite($event, i)"
          [disabled]="stock.favorite">Add to Favorite</button>
</div>
```

我們修改 *ngFor 以從微語法中將 trackStockByCode 傳給 trackBy。這會確保 Angular 呼叫此函式而非使用物件參考識別個別項目。

這確保從伺服器重新載入所有股票（會因此改變所有物件參考）時，Angular 還是會以股票代碼判斷是否重複使用 DOM 中存在的元素。

> 會重新載入清單時要使用 NgFor 指令的 trackBy 選項（舉例來說，因可見而需發出伺服器呼叫來載入時）。這對效能絕對有幫助。

NgSwitch

最後是一組內建指令。NgSwitch 本身不是結構指令，而是屬性指令，使用時會結合一般的資料連結語法加上方括號記號法。它實際上是 NgSwitchCase 與 NgSwitchDefault 結構指令，用來根據條件新增或刪除元素。

讓我們以一個例子來看它的運作。假設我們不只處理股票，還有選擇權、衍生商品、基金。我們必須建構元件來繪製它們。現在，我們要根據型別來繪製它。這是使用 NgSwitch 的好例子，它看起來像這樣：

```
<div [ngSwitch]="security.type">
    <stock-item *ngSwitchCase="'stock'" [item]="security">
    </stock-item>
    <option-item *ngSwitchCase="'option'" [item]="security">
    </option-item>
    <derivative-item *ngSwitchCase="'derivative'" [item]="security">
    </derivative-item>
    <mutual-fund-item *ngSwitchCase="'mutual-fund'" [item]="security">
    </mutual-fund-item>
    <unknown-item *ngSwitchDefault [item]="security">
    </unknown-item>
</div>
```

此範例中有幾個值得注意的地方：

*   我們使用一般的方括號資料連結與 ngSwitch，我們希望它能解譯運算式的值。如前述，它不是結構指令。

*   每個 *ngSwitchCase 有個運算式，此例中我們傳入 'stock'、'option' 等字串常數。若 security.type 值符合其中一個字串常數，則會繪製相對應的元素並刪除其他元素。

*   若沒有符合的 *ngSwitchCase 陳述，則觸發 *ngSwitchDefault 並繪製 unknown-item 元件。

NgSwitch 指令家族在有多種元素／模板需根據條件繪製時很好用。

多姐妹結構指令

你可能會遇到一種情況，就是對一個模板執行 *ngFor，但僅於符合某些條件時。你的直覺反應可能是對同一個元素同時使用 *ngFor 與 *ngIf。Angular 不能這麼做。

以下面的程式為例：

```
<div *ngFor="let stock of stocks" *ngIf="stock.active">
 <!-- 若股票啟用則顯示股票細節 -->
 </div>
```

我們想要執行 *ngFor，所以在顯示前判斷該股票是否啟用。接下來考慮下面的程式：

```
<div *ngFor="let stock of stocks" *ngIf="stocks.length > 2">
  <!-- 若出現 2 個以上股票則顯示股票細節 -->
 </div>
```

兩者看起來很像，但目的與預期結果差很多。第一個程式預期先執行 *ngFor 後執行 *ngIf，第二個則相反。

哪一個應該先執行不是很明顯。相較於規範哪一個先執行，Angular 乾脆不允許這麼做。

遇到這種情況時，建議使用包裝元素來明確的定義這些結構指令的執行順序。

總結

我們討論了什麼是內建指令，然後討論一些 Angular 應用程式的常見指令，例如 NgFor 與 NgIf 等。我們檢視了範例與更複雜的 NgSwitch 與進階的 NgFor。當然，Angular 可讓你擴充與建構自訂的指令，更多資訊見文件（*https://angular.io/guide/attribute-directives*）。

下一章會深入 Angular 元件與各種選項以及 Angular 元件的生命週期。

練習

修改前一章的練習程式碼:

1. 從簡單的類別連結改為使用 ngClass 或這一章的類別連結,以凸顯促銷項目。組合促銷與非促銷商品。

2. 相較於在數量為零時停用減少數量按鈕,使用 *ngIf 在可以點擊時顯示按鈕。

3. 加上從 1 到 20 的下拉數量選擇(以 *ngFor 產生)。不要顧慮選擇數量的動作;後面的章節會討論。

這些功能都能以這一章討論的概念達成。完整程式碼見 *chapter3/exercise/ecommerce*。

第四章

認識與使用 Angular 元件

前一章討論 Angular 的內建指令可執行隱藏與顯示元素、重複模板等常見功能。我們使用了 ngIf 與 ngForOf 並感覺它們如何與何時使用。

這一章會更深入元件,這些元素繪製 UI 並讓使用者與應用程式互動。我們會討論一些建構元件時你可以指定的屬性、元件的生命週期、Angular 提供的掛鉤、自訂元件的資料傳遞。最終你應該能夠執行最常見的元件任務並認識其緣由。

元件概要

前面的章節討論 Angular 的指令的多種用途。我們討論了屬性與結構指令,能讓我們改變現有元素的行為或模板結構。

第三種指令是元件,從第 1 章開始就用了很多。某種程度上,你可以視 Angular 應用程式為元件樹。每個元件有一些行為並以模板繪製。此模板可使用其他元件,因此組成元件樹,而這是瀏覽器繪製的 Angular 應用程式。

最簡單的看法是元件是封裝行為(載入資料、繪製資料、回應使用者互動)與模板(如何繪製資料)的類別。但定義的方法很多,還有很多選項,接下來會討論。

定義元件

我們使用 TypeScript 的修飾詞 Component 定義元件。它讓我們以一些元資料標註類別，以告訴 Angular 該元件如何運作與繪製。讓我們再看看 stock-item 元件，以檢視簡單的元件並加以擴充：

```
@Component({
  selector: 'app-stock-item',
  templateUrl: './stock-item.component.html',
  styleUrls: ['./stock-item.component.css']
})
export class StockItemComponent implements OnInit {
    // 省略
}
```

此基本元件只需要選擇器（告訴 Angular 如何找出所使用的元件實例）與模板（找到元素時 Angular 要繪製的東西）。Component 修飾詞的其他屬性是選擇性的。上面的範例定義了 Angular 遇到 app-stock-item 選擇器時要繪製的 StockItemComponent，與遇到該元素時要繪製的 *stock-item.component.html* 檔案。讓我們深入討論此修飾詞的屬性。

選擇器

第 2 章稍微討論過的選擇器屬性讓我們定義 Angular 如何在 HTML 中進行識別。選擇器取用字串值，是 Angular 用於識別元素的 CSS 選擇器。建構新元件時建議使用元素選擇器（例如 app-stock-item），但技術上也可以使用其他選擇器。舉例來說，下面有幾種指定選擇器屬性的方法與在 HTML 中的使用方式：

- selector: 'app-stock-item' 選取 HTML 中的 <app-stock-item></app-stock-item>。

- selector: '.app-stock-item' 選取 HTML 中的 <div class="app-stock-item"></div>。

- selector: '[app-stock-item]' 選取 HTML 中的 <div app-stock-item></div>。

你可以使用簡單或複雜的選擇器，但一般使用簡單的元素選擇器，除非有必要不這麼做。

模板

前面我們使用 templateUrl 來定義元件使用的模板。傳給 templateUrl 屬性的路徑相對於元件的路徑。前面的例子中可以這麼指定 templateUrl：

```
templateUrl: './stock.item.component.html'
```

或：

```
templateUrl: 'stock.item.component.html'
```

兩者皆可。但若指定絕對 URL 或其他東西則編譯可能會失敗。注意 Angular 應用程式不像 AngularJS（1.x）會在執行期依 URL 載入模板，Angular 會預先編譯以確保模板在行內。

相較於 templateUrl，我們也可以在元件中使用 template 選項定義模板。如此能讓元件帶有所有資訊而不分割 HTML 與 TypeScript 程式碼。

 一個元件只能有 template 或 templateUrl 其中之一。不能同時指定，但至少要有一個。

最終應用程式不會有差別，因為 Angular 會將它們編譯在一包中。分割模板到獨立檔案的唯一目的是使用 IDE 依副檔名判斷的語法自動完成功能。一般來說，你可能會想要將超過三四行或更複雜的模板分離。

讓我們看看使用行內模板的 stock-item 元件：

```
import { Component, OnInit } from '@angular/core';

import { Stock } from '../../model/stock';

@Component({
  selector: 'app-stock-item',
  template: `
  <div class="stock-container">
    <div class="name">{{stock.name + ' (' + stock.code + ')'}}</div>
    <div class="price"
        [class]="stock.isPositiveChange() ? 'positive' : 'negative'">
        $ {{stock.price}}
    </div>
    <button (click)="toggleFavorite($event)"
```

```
                *ngIf="!stock.favorite">Add to Favorite</button>
    </div>
    `,
    styleUrls: ['./stock-item.component.css']
})
export class StockItemComponent implements OnInit {
    // 省略
}
```

 ECMAScript 2015（以及 TypeScript）能讓我們以 `（反引號）定義多行
模板，而無需以 +（加號）連接多個字串。我們在定義行內模板時使用此
方式。

你可以從 GitHub 的 *chapter4/component-template* 目錄下載完整程式碼。

我們只需將模板移動到 Component 修飾詞的 template 屬性中。此例中，由於有好幾行要
處理，我建議不要放到行內。注意因為移動到 template 因此要刪除前面的 templateUrl
屬性。

樣式

一個元件可以有多個樣式，包括元件特定 CSS 與其他共用 CSS。如同模板，你可以使用
styles 屬性放行內 CSS，或者 CSS 很大或想要利用 IDE 時，可以放在其他檔案中並以
styleUrls 屬性套用。它們都以陣列輸入。

Angular 鼓勵將樣式完全封裝並分離。預設上，一個元件中定義的樣式不會影響父或子
元件。如此能確保定義在元件中的 CSS 類別不會意外的影響其他元件，除非你明確的引
用樣式。

如同模板，Angular 不會在執行期輸入樣式而是預先編譯並打包必要的樣式。因此使用
styles 或 styleUrls 是個人選擇而不會影響執行期。

 不要並用 styles 與 styleUrls。Angular 會選擇其中之一並產生預期外的
行為。

讓我們看看行內樣式的元件像什麼：

```
import { Component, OnInit } from '@angular/core';

import { Stock } from '../../model/stock';

@Component({
  selector: 'app-stock-item',
  templateUrl: 'stock-item.component.html',
  styles: [`
    .stock-container {
      border: 1px solid black;
      border-radius: 5px;
      display: inline-block;
      padding: 10px;
    }

    .positive {
      color: green;
    }

    .negative {
      color: red;
    }
  `]
})
export class StockItemComponent implements OnInit {
    // 省略
}
```

你可以從 GitHub 的 *chapter4/component-style* 目錄下載完整程式碼。

你當然可以選擇傳入多個樣式字串給該屬性。使用 styles 或 styleUrls 是個人選擇而不會影響執行期。

樣式封裝

前面討論了 Angular 如何封裝樣式以確保它不會污染其他元件。事實上，你可以告訴 Angular 是否要這麼做，或讓樣式可以全域存取。你可以設定 Component 修飾詞的 encapsulation 屬性。encapsulation 屬性使用下列三個值其中之一：

ViewEncapsulation.Emulated

預設值，Angular 會建構 CSS 來模擬 DOM 與根樣式。

ViewEncapsulation.Native

最好用這個，Angular 會模擬根。只在瀏覽器與平台有原生支援時可行。

ViewEncapsulation.None

使用全域 CSS，沒有任何封裝。

模擬 *DOM* 是什麼？

HTML、CSS、JavaScript 預設傾向目前頁的全域。這表示元素的 ID 很容易與其他元素衝突。同樣的，網頁某處指派給一個按鈕的 CSS 可能會影響其他按鈕。

我們最後只得使用命名規則、CSS 的 !important 指示、與其他技巧解決。

模擬 DOM 以限制 HTML 的 DOM 與 CSS 範圍來解決。它可以限制樣式範圍（因此防止樣式影響其他部分）並能隔離以使 DOM 自洽。

更多網頁元件的自洽資訊見文件（*https://developers.google.com/web/fundamentals/web-components/shadowdom*）。

觀察它對應用程式的影響的最好方式是稍做修改，並檢視應用程式在不同情況下的行為。

首先，讓我們在 *app.component.css* 檔案中加入下面的程式段。我們使用前面的範例，完整程式碼可從 *chapter4/component-style-encapsulation* 下載：

```
.name {
  font-size: 50px;
}
```

執行應用程式，它對應用程式沒有影響。接下來修改 AppComponent 的 encapsulation 屬性如下：

```
import { Component, ViewEncapsulation } from '@angular/core';

@Component({
  selector: 'app-root',
  templateUrl: './app.component.html',
```

```
    styleUrls: ['./app.component.css'],
    encapsulation: ViewEncapsulation.None
})
export class AppComponent {
    title = 'app works!';
}
```

我們在 Component 修飾詞加入 encapsulation: ViewEncapsulation.None（當然是在匯入 ViewEncapsulation 後）。重新載入應用程式會看到股票名稱放大到 50px。這是因為套用在 AppComponent 的樣式不限於該元件而進入全域命名空間。因此加上 name 類別的元素會套用這個字形大小。

ViewEncapsulation.None 是套用通用樣式的好方法，但可能會污染全域 CSS 命名空間並有意外效果。

其他

除了前面討論過的屬性外，Component 修飾詞還有很多屬性。這裡會簡短的討論一下，還有一些在後續遇到時再討論。以下是一些主要屬性與其用途：

截空白

Angular 能截掉模板中多餘的空白（依 Angular 的定義，包括一個以上的空白、元素間的空白等）。它可以壓縮 HTML 以減少打包大小。你可以設定元件的 preserveWhitespace 屬性（預設為 false）。更多資訊見官方文件（*https://angular.io/api/core/Component#preserveWhitespaces*）。

動畫

Angular 有多個觸發可控制元件動作與生命週期。為此它提供了 DSL，能讓 Angular 在元素改變狀態時做動畫。

內插

有時 Angular 內插記號（雙括弧 {{ }}）會干擾與其他框架或技術的整合。因此 Angular 可在元件層級以指定的分隔符號蓋掉內插識別符號。你可以使用 interpolation 屬性設定兩個內插符號字串的陣列。預設為 ['{{', '}}']，但可以用 interpolation: ['<<', '>>'] 將內插符號替換成 << 與 >>。

視圖來源

視圖來源讓你定義插入類別 / 服務到元件或子元件的來源。你通常不需要它，但若要覆寫特定元件或限制類別與服務的存取，你可以用 viewProviders 屬性指定來源陣列給元件。第 8 章會更深入討論。

探索元件

我們討論過在模板的背景中使用元件類別的函式。但有時候（特別是處理指令與更複雜的元件）想要讓元件使用者從元件外呼叫元件的函式。一個例子是提供捲動元件，但想要能讓使用者控制前後捲動。在這種情況下，我們可以使用 Component 修飾詞的 exportAs 屬性。

changeDetection

預設上，Angular 檢查 UI 中的每個連結，以判斷元件中的值改變是否需要更新 UI 元素。這對大部分應用程式是可接受的，但隨著應用程式變大變複雜，我們可能必須控制何時更新 UI。相較於讓 Angular 決定何時更新 UI，我們可以明確的告訴 Angular 何時更新 UI。我們將 changeDetection 屬性預設的 ChangeDetectionStrategy. Default 改成 ChangeDetectionStrategy.OnPush。這表示初始繪製後由我們通知 Angular 有值的變化，Angular 不會自動的檢查元件的連結。稍後會深入討論。

還有很多元件的屬性與功能這一章沒有討論，更多資訊見元件的官方文件（*https://angular. io/api/core/Component*）。

元件與模組

深入元件的生命週期細節前，讓我們快快的看一下元件與模組的關係。第 2 章討論過建構新元件並於模組中引入。若建構新元件但沒有加入模組中，Angular 會抱怨有個元件沒有加入模組中。

要在模組的背景中使用元件，它必須匯入到模組宣告檔案，並於 declarations 陣列中宣告。如此能確保該元件能被模組中的其他元件看到。

NgModule 中有三個屬性直接影響元件與元件的運用。declarations 只是匯入，開始使用多個模組或建構或匯入其他模組時另外兩個屬性就很重要：

declarations

declarations 屬性確保元件與指令可在模組範圍內使用。Angular 的 CLI 會自動的將使用它建構的元件或指令加入到模組中。剛開始建置 Angular 應用程式時,很容易忘記將新建構的元件加入到 declarations 屬性中,因此要記得(如果沒有使用 Angular 的 CLI!)以避免犯下常見的錯誤。

imports

imports 屬性讓你指定想要匯入並於模組中存取的模組。這是在應用程式中引入第三方模組的元件與服務最常見的方法。若想要使用其他模組中的元件,要將相關模組匯入到你宣告與使用元件的模組中。

exports

exports 屬性與使用多個模組或建構函式庫給其他開發者使用有關。除非匯出元件,否則它不能在宣告它的模組外使用或存取。一般來說,若要在其他模組使用某個元件,要確保有將它匯出。

若使用元件而 Angular 無法辨識元件或元素時,很有可能是模組的組態問題。檢查下列幾點:

- 元件是否加入模組的宣告。
- 若元件不是你寫的,要確定匯入的模組有匯出元件。
- 若元件用於其他元件,要確定模組有匯出元件使引用模組的應用程式能夠存取新元件。

輸入與輸出

建構元件的一種目的是分離元件與使用元件的內容。可重複使用的元件很有用。讓元件可重複使用的一種做法是根據使用情境傳入不同的輸入(相對於寫死的值)。同樣的,我們可能會因特定動作而與元件掛鉤。

Angular 可透過 Input 與 Output 修飾詞指定掛鉤。它們與 Component 以及 NgModule 套用在類別成員變數層級的修飾詞不同。

輸入

對成員變數加上 Input 修飾詞,會自動的讓你能夠透過 Angular 的資料連結語法傳值給元件。

讓我們看看如何擴充前面的 stock-item 元件,以傳入股票物件而非寫死在元件中。完整程式碼可從 GitHub 的 *chapter4/component-input* 目錄下載。前面的程式碼見 *chapter3/ng-if*。

我們先修改 stock-item 元件,以將股票標示為該元件的輸入而非從元件中初始化,我們會將它標示為 Input。我們匯入此修飾詞並用於 stock 變數上。*stock-item.component.ts* 檔案看起來應該像下面這樣:

```
import { Component, OnInit, Input } from '@angular/core';

import { Stock } from '../../model/stock';

@Component({
  selector: 'app-stock-item',
  templateUrl: './stock-item.component.html',
  styleUrls: ['./stock-item.component.css']
})
export class StockItemComponent {

  @Input() public stock: Stock;

  constructor() { }

  toggleFavorite(event) {
    this.stock.favorite = !this.stock.favorite;
  }
}
```

我們刪除 app-stock-item 元件中的初始化邏輯,並將 stock 變數標示為輸入。這表示初始化邏輯被刪除,而元件只負責接收父元件傳來的股票值並繪製該資料。

接下來,讓我們修改 AppComponent 以傳遞資料給 StockItemComponent:

```
import { Component, OnInit } from '@angular/core';
import { Stock } from 'app/model/stock';

@Component({
  selector: 'app-root',
  templateUrl: './app.component.html',
  styleUrls: ['./app.component.css']
```

```
})
export class AppComponent implements OnInit {
  title = 'Stock Market App';

  public stockObj: Stock;

  ngOnInit(): void {
    this.stockObj = new Stock('Test Stock Company', 'TSC', 85, 80);
  }
}
```

我們將股票物件的初始化從 StockItemComponent 移到 AppComponent。最後，讓我們檢視 AppComponent 的模板如何傳遞股票給 StockItemComponent：

```
<h1>
  {{title}}
</h1>
<app-stock-item [stock]="stockObj"></app-stock-item>
```

我們使用 Angular 的資料連結，將股票從 AppComponent 傳給 StockItemComponent。屬性的名稱（stock）必須與標示為輸入的元件變數相同。屬性名稱區分大小寫，因此要確定完全吻合輸入變數名稱。傳入的值為 AppComponent 類別中的物件參考，也就是 stockObj。

> *HTML 與區分大小寫的屬性？*
>
> 你可能會懷疑它是怎麼辦到的。Angular 有自己的 HTML 解析程序可解析模板中的 Angular 專屬語法，並不依靠 DOM 的 API。這是為何 Angular 的屬性可以且必須區分大小寫。

這些輸入與資料連結，因此改變 AppComponent 中物件的值，會自動的反映到 StockItem Component 中。

輸出

如同傳資料給元件，我們也可以登記並傾聽元件的事件。我們以資料連結傳入資料，以事件連結語法登記事件。此時我們使用 Output 修飾詞。

我們從元件中登記一個 EventEmitter 作為輸出，然後以該 EventEmitter 物件觸發事件以通知連結元件處理事件。

我們使用前面登記 Input 修飾詞的範例。讓我們擴充 StockComponent 以於加入清單時觸發事件,並將資料的操作從元件移到父元件。這很合理,因為父元件負責資料並應該是唯一的資料來源。因此,我們會讓 AppComponent 登記 toggleFavorite 事件,並於此事件觸發時改變股票的狀態。

完整的程式碼在 *chapter4/component-output* 目錄下。

讓我們看看 *src/app/stock/stock-item/stock-item.component.ts* 檔案中的 StockItemComponent 的程式碼:

```typescript
import { Component, OnInit, Input, Output, EventEmitter } from '@angular/core';

import { Stock } from '../../model/stock';

@Component({
  selector: 'app-stock-item',
  templateUrl: './stock-item.component.html',
  styleUrls: ['./stock-item.component.css']
})
export class StockItemComponent {

  @Input() public stock: Stock;
  @Output() private toggleFavorite: EventEmitter<Stock>;

  constructor() {
    this.toggleFavorite = new EventEmitter<Stock>();
  }

  onToggleFavorite(event) {
    this.toggleFavorite.emit(this.stock);
  }
}
```

注意幾件事:

- 我們從 Angular 函式庫匯入 Output 與 EventEmitter 修飾詞。

- 我們建構 EventEmitter 型別的 toggleFavorite 類別成員,並將方法重新命名為 onToggleFavorite。EventEmitter 可標示型別以提升型別安全。

- 我們必須確保初始化 EventEmitter 的實例,因為它不會自動初始化。可從行內執行或如前述在建構元中執行。

- onToggleFavorite 呼叫 EventEmitter 中的方法以發送整個股票物件。這表示所有傾聽 toggleFavorite 事件的程序會收到目前股票物件參數。

我 們 也 修 改 *stock-item.component.html* 以 呼 叫 onToggleFavorite 方 法 而 非 toggleFavorite。HTML 還是跟原來差不多：

```html
<div class="stock-container">
  <div class="name">{{stock.name + ' (' + stock.code + ')'}}</div>
  <div class="price"
      [class]="stock.isPositiveChange() ? 'positive' : 'negative'">
      $ {{stock.price}}
  </div>
  <button (click)="onToggleFavorite($event)"
          *ngIf="!stock.favorite">Add to Favorite</button>
</div>
```

接下來，我們在 AppComponent 加入 onToggleFavorite 方法觸發時，被觸發的方法：

```typescript
import { Component, OnInit } from '@angular/core';
import { Stock } from 'app/model/stock';

@Component({
  selector: 'app-root',
  templateUrl: './app.component.html',
  styleUrls: ['./app.component.css']
})
export class AppComponent implements OnInit {
  title = 'app works!';

  public stock: Stock;

  ngOnInit(): void {
    this.stock = new Stock('Test Stock Company', 'TSC', 85, 80);
  }

  onToggleFavorite(stock: Stock) {
    console.log('Favorite for stock ', stock, ' was triggered');
    this.stock.favorite = !this.stock.favorite;
  }
}
```

唯一新加入的是以股票作為參數的 onToggleFavorite。此例中，我們只有記錄傳入的股票，但你可以根據它進行操作。還要注意你可以任意為函式命名。

最後，讓我們從 *app-component.html* 檔案中的 StockComponent 訂閱新輸出：

```
<h1>
  {{title}}
</h1>
<app-stock-item [stock]="stock"
               (toggleFavorite)="onToggleFavorite($event)">
</app-stock-item>
```

我們使用 Angular 的事件連結語法連結 stock-item 元件中宣告的輸出。注意它區分大小寫且必須與 Output 修飾詞修飾的成員變數完全一致。還有，要存取元件發出的值，我們使用 $event 關鍵字作為函式的參數，若不是如此，則函式還是會被觸發，但不會收到任何參數。

執行此應用程式（記得是 ng serve）應該會看到功能完整的應用程式，且點擊 Add to Favorite 按鈕應該會觸發 AppComponent 中的方法。

變更檢測

前面提過 Component 修飾詞中的 changeDetection 屬性。我們已經看過 Input 與 Output 修飾詞如何運作，讓我們深入討論 Angular 如何在元件層級執行變更檢測。

Angular 預設對 changeDetection 屬性套用 ChangeDetectionStrategy.Default 機制。這表示每次 Angular 注意到一個事件時（例如伺服器回應或使用者互動），它會逐個檢測元件樹中的每個元件的連結是否有值改變與必須更新。

很大的應用程式會有很多的連結。使用者做動作時，開發者可能確定大部分網頁內容不會變化。在這種情況下，你可以對 Angular 的變更檢測程序提示是否要檢測特定元件。我們可以將元件的 ChangeDetectionStrategy 從預設值改為 ChangeDetectionStrategy. OnPush。這告訴 Angular 此元件的連結根據此元件的 Input 決定是否要檢查。

讓我們看幾個例子。假設有個 A → B → C 元件樹，根元件 A 在模板中使用元件 B，元件 B 使用元件 C。假設元件 B 如下以合成物件 compositeObj 作為輸入傳給元件 C：

```
<c [inputToC]="compositeObj"></c>
```

也就是，inputToC 是元件 C 中以 Input 修飾詞標示的輸入變數，由元件 B 傳入 compositeObj 物件。假設我們將元件 C 的 changeDetection 屬性標示為 ChangeDetection Strategy.OnPush，則：

- 若元件 C 連結 compositeObj 的任何屬性，它們會正常運作（不改變預設行為）。

- 若元件 C 改變 compositeObj 的任何屬性，它們也會立即更新（不改變預設行為）。

- 若父元件 B 建構新的 compositeObj 或改變 compositeObj 的參考（new 運算子或從伺服器回應中指派），則元件 C 會知道此改變並更新連結到新值（不改變預設行為，但 Angular 識別此改變的內部行為改變了）。

- 若父元件 B 直接改變 compositeObj 的任何屬性（例如回應元件 B 外的使用者動作），則這些改變不會更新元件 C（改變預設行為）。

- 若父元件 B 在元件 C 發出的事件中改變任何屬性，然後改變 compositeObj 的任何屬性（沒有改變參考），它還是會運作且連結會更新。這是因為改變源自元件 C（不改變預設行為）。

Angular 也讓我們可以從元件提示何時要檢查連結，能夠完全的控制 Angular 的資料連結。接下來討論 Angular 提供的兩種變更檢測策略的差異。

讓我們修改範例以進行觀察。首先修改 *stock-item.component.ts* 檔案以改變子元件中的 ChangeDetectionStrategy：

```
import { Component, OnInit, Input, Output } from '@angular/core';
import { EventEmitter, ChangeDetectionStrategy } from '@angular/core';

import { Stock } from '../../model/stock';

@Component({
  selector: 'app-stock-item',
  templateUrl: './stock-item.component.html',
  styleUrls: ['./stock-item.component.css'],
  changeDetection: ChangeDetectionStrategy.OnPush
})
export class StockItemComponent {

  @Input() public stock: Stock;
  @Output() private toggleFavorite: EventEmitter<Stock>;

  constructor() {
    this.toggleFavorite = new EventEmitter<Stock>();
  }

  onToggleFavorite(event) {
    this.toggleFavorite.emit(this.stock);
  }
```

```
changeStockPrice() {
  this.stock.price += 5;
}
}
```

除了改變 ChangeDetectionStrategy 外,我們還在 changeStockPrice() 加入另一個函式。
我們會使用這些函式展示變更檢測的行為。

接下來修改 *stock-item.component.html* 以觸發新函式。我們加入一個新按鈕以於點擊時改
變股價:

```
<div class="stock-container">
  <div class="name">{{stock.name + ' (' + stock.code + ')'}}</div>
  <div class="price"
      [class]="stock.isPositiveChange() ? 'positive' : 'negative'">
      $ {{stock.price}}
  </div>
  <button (click)="onToggleFavorite($event)"
          *ngIf="!stock.favorite">Add to Favorite</button>
  <button (click)="changeStockPrice()">Change Price</button>
</div>
```

模板的 HTML 只是加入改變股價的新按鈕。同樣的,讓我們修改 *app.component.html*,
以加入另一個按鈕來從父元件改變股價(類似前述的元件 B):

```
<h1>
  {{title}}
</h1>
<app-stock-item [stock]="stock"
                (toggleFavorite)="onToggleFavorite($event)">
</app-stock-item>
<button (click)="changeStockObject()">Change Stock</button>
<button (click)="changeStockPrice()">Change Price</button>
```

我們在此模板中加入兩個新按鈕:一個直接改變股票物件的參考,另一個會修改現有股
票物件的參考以從 AppComponent 改變股價。最後我們可在 *app.component.ts* 檔案看到全
部組合:

```
import { Component, OnInit } from '@angular/core';
import { Stock } from 'app/model/stock';

@Component({
  selector: 'app-root',
  templateUrl: './app.component.html',
```

```
    styleUrls: ['./app.component.css']
})
export class AppComponent implements OnInit {
  title = 'app works!';

  public stock: Stock;
  private counter: number = 1;

  ngOnInit(): void {
    this.stock = new Stock('Test Stock Company - ' + this.counter++,
        'TSC', 85, 80);
  }

  onToggleFavorite(stock: Stock) {
    // 這會修改股票項目元件
    // 中的值，因為它會被連結
    // 股票項目元件的事件觸發
    this.stock.favorite = !this.stock.favorite;
  }

  changeStockObject() {
    // 這會修改股票項目元件中的值，
    // 因為我們建構股票輸入的新參考
    this.stock = new Stock('Test Stock Company - ' + this.counter++,
        'TSC', 85, 80);
  }

  changeStockPrice() {
    // 這會修改股票項目元件中的值，
    // 因為它改變參考且 Angular 因 OnPush
    // 變更檢測策略而不會檢查
    this.stock.price += 10;
  }
}
```

app.component.ts 檔案改最多。上面的程式碼加上註解，以說明這些函式被觸發時的預期行為。我們加入了兩個新方法：在 AppComponent 中建構新 stock 物件實例的 changeStockObject() 與在 AppComponent 中修改 stock 物件的股價的 changeStockPrice()。我們還加入計數以記錄建構新股票物件的次數，但這不是必要的。

執行此應用程式應該會看到下列行為：

- 從 StockItemComponent 點擊 Add to Favorite 還是如預期一樣的運行。

- 從 StockItemComponent 點擊 Change Price 會將股價加 $5。

- 從 StockItemComponent 外點擊 Change Stock 會改變股票的名稱（這是加入計數的原因！）。

- 從 StockItemComponent 外點擊 Change Price 沒有影響（但若之後點擊 Change Price 則股票的實際值會跳出）。這顯示模型被更新，但 Angular 沒有更新視圖。

你也應該將 ChangeDetectionStrategy 改回預設值以檢視有何不同。

元件生命週期

Angular 中的元件（與指令）有生命週期，從建構、繪製、改變、到解構。生命週期依前序遍歷，從上到下。Angular 繪製元件後啟動子元件的生命週期，直到繪製完整個應用程式為止。

有時生命週期對開發應用程式有用，因此 Angular 提供生命週期的掛鉤以供觀察與反應。圖 4-1 依叫用順序顯示元件生命週期的掛鉤。

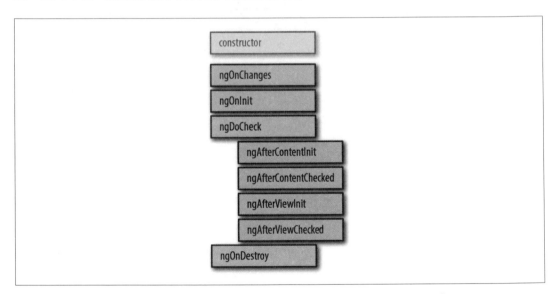

圖 4-1　Angular 的元件生命週期掛鉤（來源：*https://angular.io/guide/lifecycle-hooks*）

Angular 會先呼叫元件的建構元，然後依前述順序執行。`OnInit` 與 `AfterContentInit` 等（基本上後面有 `Init` 的）只會在元件初始化時執行一次，而其他則在內容每次變化時執行。`OnDestroy` 掛鉤也只執行一次。

這些生命週期步驟有必須實作的介面，而每個介面有必須實作的 `ng` 函式。舉例來說，`OnInit` 生命週期步驟需要實作 `ngOnInit` 函式。

我們會逐個討論生命週期步驟，然後以一個範例檢視一個元件與多個元件的實際運作與生命週期的步驟順序。

這一章還會先簡單討論一個概念，然後再深入討論——`ViewChildren` 與 `ContentChildren` 的概念。

`ViewChildren` 是標籤／選擇器（如建議多為元素）出現在元件模板中的子元件。此例中，`app-stock-item` 是 `AppComponent` 的 `ViewChild`。

`ContentChildren` 是投射到元件的視圖上，但不是從元件模板直接引入的任何子元件。例如輪播，其功能封裝在元件中，但圖片或書本頁面等視圖來自元件的使用者。這通常使用 `ContentChildren`。這一章稍後會再深入討論。

介面與函式

表 4-1 依呼叫順序顯示介面與函式以及特別說明。注意我們只討論元件的生命週期步驟，它們與指令的生命週期有一些不同。

表 4-1　Angular 的生命週期掛鉤與方法

介面	方法	適用	目的
OnChanges	ngOn Changes(changes: SimpleChange)	元件與指令	ngOnChanges 在設定建構元與每次輸入屬性改變時呼叫。在 ngOnInit 方法前呼叫。
OnInit	ngOnInit()	元件與指令	初始化的掛鉤，可執行元件或指令的一次性初始化工作。較建構元更適合執行從伺服器載入資料等工作，用於分離關注點和可測試性。
DoCheck	ngDoCheck()	元件與指令	DoCheck 是 Angular 檢查元件是否有 Angular 無法或不應該自行檢測的變更或連結的方式。將元件的 ChangeDetectionStrategy 從 Default 改為 OnPush 時，我們可使用這個方法通知 Angular 元件的變化。
After Content Init	ngAfterContent Init()	僅元件	如前述，AfterContentInit 掛鉤在元件投射時觸發，且只在元件初始化時執行一次。若沒有投射則立即觸發。

介面	方法	適用	目的
After Content Checked	ngAfterContent Checked()	僅元件	AfterContentChecked 在每次 Angular 的變更檢測循環執行後觸發，初始化過程中在 AfterContentInit 掛鉤後觸發。
AfterView Init	ngAfterViewInit()	僅元件	AfterViewInit 是 AfterContentInit 的補充，並且在元件模板中直接使用所有子元件完成初始化，且使用連結更新其視圖後觸發。這不一定意味著視圖呈現在瀏覽器中，但 Angular 已完成更新其內部視圖以盡快呈現。在元件加載期間僅觸發一次 AfterViewInit。
AfterView Checked	ngAfterView Checked()	僅元件	每次檢查並更新所有子元件後，都會觸發 AfterViewChecked。同樣的，將 AfterContentChecked 視為深度優先樹遍歷，因為它只會在所有子元件的 AfterViewChecked 掛鉤完成執行後執行。
OnDestroy	ngOnDestroy()	元件與指令	當元件即將被解構並從 UI 中刪除時，它會呼叫 OnDestroy。這是一個進行所有清理的好地方，例如取消訂閱可能已初始化的任何傾聽程序等。通常，一個好的做法是清理元件已登記的任何內容（計時器、可觀察對象等）。

讓我們在現有應用程式中加入這些掛鉤以檢視實際執行順序。我們會將這些掛鉤加到 AppComponent 與 StockItemComponent 中，加上簡單的 console.log 來檢視這些函式何時與如何執行。我們會使用前面的範例，它可從 *chapter4/component-output* 下載。

完成的範例在 *chapter4/component-lifecycle*。

首先修改 *src/app/app.component.ts* 檔案並加入掛鉤：

```
import { Component, SimpleChanges, OnInit, OnChanges, OnDestroy,
         DoCheck, AfterViewChecked, AfterViewInit, AfterContentChecked,
         AfterContentInit } from '@angular/core';
import { Stock } from 'app/model/stock';

@Component({
  selector: 'app-root',
  templateUrl: './app.component.html',
  styleUrls: ['./app.component.css']
})
export class AppComponent implements OnInit, OnChanges, OnDestroy,
                                     DoCheck, AfterContentChecked,
                                     AfterContentInit, AfterViewChecked,
                                     AfterViewInit {
  title = 'app works!';
```

```
    public stock: Stock;

    onToggleFavorite(stock: Stock) {
      console.log('Favorite for stock ', stock, ' was triggered');
      this.stock.favorite = !this.stock.favorite;
    }

    ngOnInit(): void {
      this.stock = new Stock('Test Stock Company', 'TSC', 85, 80);
      console.log('App Component - On Init');
    }

    ngAfterViewInit(): void {
      console.log('App Component - After View Init');
    }
    ngAfterViewChecked(): void {
      console.log('App Component - After View Checked');
    }
    ngAfterContentInit(): void {
      console.log('App Component - After Content Init');
    }
    ngAfterContentChecked(): void {
      console.log('App Component - After Content Checked');
    }
    ngDoCheck(): void {
      console.log('App Component - Do Check');
    }
    ngOnDestroy(): void {
      console.log('App Component - On Destroy');
    }
    ngOnChanges(changes: SimpleChanges): void {
      console.log('App Component - On Changes - ', changes);
    }
  }
```

我們在 AppComponent 類別中實作了 OnInit、OnChanges、OnDestroy、DoCheck、AfterContent
Checked、AfterContentInit、AfterViewChecked、AfterViewInit 介面，然後實作相對應函
式。各個方法只是輸出元件名稱與觸發方法名稱。

同樣對 StockItemComponent 實作：

```
import { Component, SimpleChanges, OnInit,
         OnChanges, OnDestroy, DoCheck, AfterViewChecked,
         AfterViewInit, AfterContentChecked,
         AfterContentInit, Input,
```

```
          Output, EventEmitter } from '@angular/core';
import { Stock } from '../../model/stock';

@Component({
  selector: 'app-stock-item',
  templateUrl: './stock-item.component.html',
  styleUrls: ['./stock-item.component.css']
})
export class StockItemComponent implements OnInit, OnChanges,
                                   OnDestroy, DoCheck,
                                   AfterContentChecked,
                                   AfterContentInit,
                                   AfterViewChecked,
                                   AfterViewInit {

  @Input() public stock: Stock;
  @Output() private toggleFavorite: EventEmitter<Stock>;

  constructor() {
    this.toggleFavorite = new EventEmitter<Stock>();
   }

  onToggleFavorite(event) {
    this.toggleFavorite.emit(this.stock);
  }

  ngOnInit(): void {
    console.log('Stock Item Component - On Init');
  }
  ngAfterViewInit(): void {
    console.log('Stock Item Component - After View Init');
  }
  ngAfterViewChecked(): void {
    console.log('Stock Item Component - After View Checked');
  }
  ngAfterContentInit(): void {
    console.log('Stock Item Component - After Content Init');
  }
  ngAfterContentChecked(): void {
    console.log('Stock Item Component - After Content Checked');
  }
  ngDoCheck(): void {
    console.log('Stock Item Component - Do Check');
  }
  ngOnDestroy(): void {
    console.log('Stock Item Component - On Destroy');
```

```
  }
  ngOnChanges(changes: SimpleChanges): void {
    console.log('Stock Item Component - On Changes - ', changes);
  }
}
```

我們對 StockItemComponent 做了與 AppComponent 一樣的事情。接下來可以執行應用程式以實際檢視。

執行時，開啟瀏覽器的 JavaScript 控制台。你應該會看到依序執行：

1. AppComponent 被建構。然後下列 AppComponent 的掛鉤被觸發：

   - On Init
   - Do Check
   - After Content Init
   - After Content Checked

   前面兩個立即執行，因為我們目前沒有內容投射。

2. 接下來，StockItemComponent 的 OnChanges 執行，StockItemComponent 的輸入被辨識為改變，然後是 StockItemComponent 的掛鉤：

   - On Init
   - Do Check
   - After Content Init
   - After Content Checked
   - After View Init
   - After View Checked

3. 最後，沒有其他子元件要遍歷，因此 Angular 回頭到 AppComponent 並執行：

   - After View Init
   - After View Checked

這讓我們見識到 Angular 如何初始化與遍歷元件樹。這些掛鉤對初始化邏輯很有用，且是元件用完後進行清理的基礎，可避免記憶體洩漏。

視圖投射

最後要討論視圖投射的概念。投射是 Angular 重要的概念，它讓我們有彈性的開發元件，並讓元件能在不同背景下重複使用。

投射在開發元件但某些部分的 UI 不預先設定時很有用。以輪播元件為例，它具有一些功能：顯示項目、元素可前後捲動。輪播元件可能具有懶載入等功能。但輪播元件事前不知道要顯示什麼內容。元件的使用者可能想要顯示圖片、書頁、或其他東西。

因此，視圖由元件使用者控制，而功能由元件本身提供。這是使用投射的一種情境。

讓我們看看如何在 Angular 應用程式中使用內容投射。我們會使用前面的範例，可從 *chapter4/component-input* 下載。

完成的範例見 *chapter4/component-projection*。

首先，我們修改 StockItemComponent 以進行內容投射。元件類別的程式不需改動；只需如下修改 *src/app/stock/stock-item/stock-item.component.html* 檔案：

```
<div class="stock-container">
  <div class="name">{{stock.name + ' (' + stock.code + ')'}}</div>
  <div class="price"
      [class]="stock.isPositiveChange() ? 'positive' : 'negative'">
      $ {{stock.price}}
  </div>
  <ng-content></ng-content>              ❶
</div>
```

❶ 投射用的 ng-content 元素

我們刪除前面的按鈕，讓元件使用者自行決定要顯示什麼按鈕，因此以 ng-content 元素取代按鈕。此元件沒有其他地方要修改。

接下來，我們修改 AppComponent，加上測試用的方法。如下修改 *src/app/app.component.ts* 檔案：

```
/** 省略匯入與修飾詞 **/

export class AppComponent implements OnInit {
  /** 省略建構元與 OnInit **/

  testMethod() {
    console.log('Test method in AppComponent triggered');
  }
}
```

我們加入被觸發時會在控制台記錄的方法。接下來看看如何使用修改過的 StockItemComponent 與投射。如下修改 *app.component.html* 檔案：

```
<h1>
  {{title}}
</h1>
<app-stock-item [stock]="stockObj">
  <button (click)="testMethod()">With Button 1</button>
</app-stock-item>

<app-stock-item [stock]="stockObj">
  No buttons for you!!
</app-stock-item>
```

我們在 HTML 中加入兩個帶有一些內容的 app-stock-item 元件實例，其中一個有觸發在 AppComponent 中加入的 testMethod 的按鈕，另一個只有一些文字內容。

執行此 Angular 應用程式並從瀏覽器開啟，應該會看到如圖 4-2 所示的畫面。

注意瀏覽器中的兩個股票項目元件，各有不同的內容。若點擊第一個股票小工具上的按鈕，你會看到 AppComponent 中的方法被呼叫而觸發 console.log。

因此，元件的使用者可以改變元件的 UI。我們也可以存取父元件的功能，因此更有彈性。它也可以投射多個不同的段落與內容到子元件。雖然這個主題散落在 Angular 官方文件中，但有篇很棒的文章（*http://bit.ly/2IFX237*）能給你更多資訊。

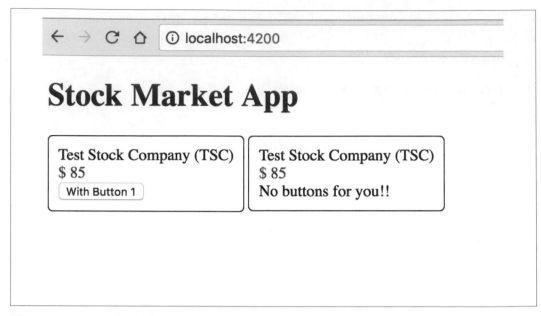

圖 4-2　Angular 視圖投射應用程式

總結

這一章更深入元件並討論了建構元件常用的屬性。我們討論了 Component 修飾詞、template 與 templateUrl 屬性、以及 Angular 的變更檢測與如何覆寫。

然後我們討論了元件的生命週期與 Angular 的生命週期事件掛鉤。最後，我們討論了投射與如何讓元件的使用者決定部分 UI。

下一章討論元件的單元測試與如何測試元件的邏輯與繪製出的視圖。

練習

第三個練習以前面的練習（*chapter3/exercise*）為基礎加入這一章的概念：

1. 建構 ProductListComponent。在這裡將產品陣列初始化而非在 ProductComponent 初始化單一產品。改變它的模板以使用 NgFor 為每個產品建構一個 ProductItemComponent。

2. 在 ProductListComponent 中使用行內模板與樣式。使用 Angular 的 CLI 產生它與設定，而非產生它並手動修改。

3. 修改 ProductItemComponent 以將產品作為輸入。

4. 將增減邏輯從 ProductItem 移到 ProductListComponent。使用索引或產品 ID 找尋產品並改變數量。

5. 將 ProductItemComponent 的 ChangeDetectionStrategy 改為 OnPush。

這些要求能以這一章討論過的概念解決。完成方案見 *chapter4/exercise/ecommerce*。

第五章

測試 Angular 元件

前面的章節專注於撰寫 Angular 應用程式、使用 Angular 的 CLI、建構元件、一些內建 Angular 指令等。

這一章討論撰寫元件的單元測試。我們會先討論 Angular 單元測試的設置、各種框架與函式庫，並逐步撰寫元件的單元測試。

為何要單元測試？

先讓我們簡短的討論單元測試與為何單元測試很重要。單元測試名稱來自它個別測試應用程式的單元。大程式很難個別測試各個部分與每個流程。這是為何我們拆開測試各個元件，如此能讓我們確保單元組合在一起時會正確的運作，而無需程式各個部分與每個流程。

這很容易用一個簡單的例子來展示。假設有個應用程式有三個部分，每個部分有五個不同的流程，因此整個應用程式有 5 * 5 * 5 = 125 個流程。若專注於端至端或整體測試，我們必須測試 125 個流程（或多或少）以合理的確保應用程式的品質。

另一方面，若測試個別部分的功能，則每個部分需要撰寫 5 個測試，總共是 15 個測試。加上 10 到 20 個端至端測試以確保正確組合，你可以有合理的信心（非 100%）確定應用程式的品質。

也就是說，單元測試不只是整體品質。撰寫單元測試還有其他原因：

- 判斷你是否寫出正確執行的程式。沒有單元測試就無法證明程式的正確。

- 防止程式在未來出錯，又稱為回歸。今天寫的程式有今天的假設。明天可能因不記得這些假設而出錯。單元測試可確保程式碼在未來還是正確。

- 單元測試是程式碼很棒的文件。註解很惱人且漸漸被廢棄，因為人們經常忘記更新它。另一方面，單元測試會在修改程式碼而忘記更新時出錯。

- 單元測試可看出你的設計是否可測試與模組化程度。測試難寫或難讀通常表示設計有問題。

也就是說，人們聽到 "單元測試" 時有不同的反應。單元測試的原型定義是元件的測試，相依部分都以模擬取代。你只測試你寫的測試而完全不管其他部分。

當然，Angular 等框架的單元測試有時候很有用，有時候你想要進一步整合。你只想要測試元件的行為而非定義元件的類別。Angular 能讓你撰寫這兩種測試。

測試與 Angular

深入討論撰寫 Angular 元件的測試前，讓我們看看撰寫與執行 Angular 測試的各種框架與函式庫。它們也可用於非 Angular 專案或改為其他相容的東西：

Jasmine

Jasmine 測試框架相較於傳統的單元測試更偏向撰寫規格。它是所謂的行為驅動開發（behavior-driven development，BDD）框架。它是獨立的框架，可用於撰寫測試或規格，不限於 Angular。與傳統單元測試框架主要的差別是 Jasmine 讀起來更偏向純英文，因此相較於撰寫測試不如說是撰寫規格。規格是一系列的命令與預期發生的事情。

Karma

若說 Jasmine 是撰寫測試的框架，則 Karma 是執行測試的框架。Karma 唯一的任務是跨各種瀏覽器執行任一種測試並回報結果。它的設計傾向開發流程，快速的執行與報告。Karma 可以在每次按下儲存時執行測試，並即時回報測試是否通過。

Angular 測試工具

　　Angular 提供各種函式與工具讓 Angular 的測試更容易進行。它們是模組與元件的初始化以及服務與路由等各種測試必須執行的常見任務。我們會在討論 Angular 的過程中討論相關部分，若需要完整的資訊，可參考它的文件（*https://angular.io/guide/testing#atu-apis*）。

Protractor

　　這個框架與這一章或單元測試無關，但為求完整我們還是簡單說一下。Protractor 是撰寫與執行端至端測試的框架。這一章要撰寫的測試會將各種類別初始化並測試其功能，但以使用者的觀點來測試也很有用。這包括開啟瀏覽器、點擊、以及與應用程式互動。Protractor 支援執行真正的應用程式並模擬動作與驗證行為，可完成測試的循環。

測試的設置

讓我們撰寫第一個單元測試。由於使用 Angular 的 CLI 產生應用程式，我們已經具有基本設置。事實上，每次使用 Angular 的 CLI 產生元件，它也產生了 **spec** 的骨架供我們撰寫測試。

為了解測試架構如何設置，我們會對主要檔案逐個說明。包括測試在內的完整檔案可從 GitHub 下的 *chapter5/component-spec* 目錄下載。

Karma 組態

第一個檔案是設定 Karma 如何尋找與執行的組態檔案。預先產生的 *karma.conf.js* 在主要目錄下，看起來像這樣：

```
// Karma 組態檔案，更多資訊見以下網址
// https://karma-runner.github.io/1.0/config/configuration-file.html

module.exports = function (config) {
  config.set({
    basePath: '',
    frameworks: ['jasmine', '@angular/cli'],
    plugins: [
      require('karma-jasmine'),
      require('karma-chrome-launcher'),
      require('karma-jasmine-html-reporter'),
```

```
    require('karma-coverage-istanbul-reporter'),
    require('@angular/cli/plugins/karma')
  ],
  client:{
    clearContext: false // 在瀏覽器中顯示 Jasmine Spec Runner 的輸出
  },
  coverageIstanbulReporter: {
    reports: [ 'html', 'lcovonly' ],
    fixWebpackSourcePaths: true
  },
  angularCli: {
    environment: 'dev'
  },
  reporters: ['progress', 'kjhtml'],
  port: 9876,
  colors: true,
  logLevel: config.LOG_INFO,
  autoWatch: true,
  browsers: ['Chrome'],
  singleRun: false
  });
};
```

Karma 組態負責識別 Karma 必須執行的各種外掛（包括 Angular 的 CLI 的外掛）、要觀察或執行的檔案、包括涵蓋率報告的 Karma 專屬的組態（coverageIstanbulReporter）、在什麼埠執行（port）、用什麼瀏覽器（browsers）、存檔時要回傳什麼（autoWatch）、捕捉什麼層級的紀錄。

test.ts

test.ts 檔案是測試的主要進入點，負責載入所有元件、相關規格、以及測試框架與執行它們的工具：

```
// karma.conf.js 需要這個檔案並載入所有 .spec
// 與框架檔案

import 'zone.js/dist/zone-testing';
import { getTestBed } from '@angular/core/testing';
import {
  BrowserDynamicTestingModule,
  platformBrowserDynamicTesting
} from '@angular/platform-browser-dynamic/testing';

declare const require: any;
```

```
// 首先將 Angular 測試環境初始化
getTestBed().initTestEnvironment(
  BrowserDynamicTestingModule,
  platformBrowserDynamicTesting()
);
// 然後找出所有測試
const context = require.context('./', true, /\.spec\.ts$/);
// 載入模組
context.keys().map(context);
```

test.ts 檔案基本上負責載入測試框架的一系列檔案,然後初始化 Angular 測試環境。然後它在目前目錄(*src*)下尋找所有子目錄中的規格(以 *.spec.ts* 結尾的檔案)。然後載入所有相關模組並開始執行 Karma。

這個檔案讓我們不必手動列出 *karma.conf.js* 中所有規格檔案,它會載入全部檔案。

撰寫單元測試

有了這兩個檔案,我們可以專注於撰寫單元測試。為認識 Jasmine,我們先從撰寫所謂的 "隔離單元測試" 開始。

隔離單元測試

隔離單元測試是 Angular 對 JavaScript 單元測試的稱呼。它與 Angular 無關,只是初始化類別與方法並執行。這對大量類別是夠的,因為它們大部分執行簡單的資料運算。

我們使用第 4 章的範例撰寫 AppComponent 的隔離單元測試。程式碼可從 GitHub 的 *chapter4/component-output* 目錄下載。

第一件事是在 *src/app* 目錄下 *app.component.ts* 旁邊建構(若還不存在)*app.component.spec.ts*。若已經存在則清除內容,我們會從頭開始寫以了解測試。

前兩個測試會專注於 AppComponent 類別與其初始化以及股票的狀態切換。在這些測試中,我們不會專注於任何 Angular 功能並檢視如何隔離的測試 AppComponent:

```
import { AppComponent } from './app.component';    ❶
import { Stock } from 'app/model/stock';

describe('AppComponent', () => {    ❷
```

```
    it('should have stock instantiated on ngInit', () => {    ❸
      const appComponent = new AppComponent();                ❹
      expect(appComponent.stock).toBeUndefined();             ❺
      appComponent.ngOnInit();
      expect(appComponent.stock).toEqual(
        new Stock('Test Stock Company', 'TSC', 85, 80));      ❻
    });

    it('should have toggle stock favorite', () => {
      const appComponent = new AppComponent();
      appComponent.ngOnInit();
      expect(appComponent.stock.favorite).toBeFalsy();
      appComponent.onToggleFavorite(new Stock('Test', 'TEST', 54, 55));
      expect(appComponent.stock.favorite).toBeTruthy();
      appComponent.onToggleFavorite(new Stock('Test', 'TEST', 54, 55));
      expect(appComponent.stock.favorite).toBeFalsy();
    });
  });
```

❶ 匯入測試相關的相依檔案

❷ AppComponent 測試組

❸ 第一個測試,每個測試從 it 開始

❹ AppComponent 初始化

❺ 行為的預期或斷言

❻ 預期股票最終狀態

我們的隔離單元測試看起來像是普通的 JavaScript 加上 Jasmine 語法。我們先匯入相關類別與介面以用於規格中。然後我們定義第一個描述區塊,它是 Jasmine 封裝測試組的方式。描述區塊可套疊任意層,我們會使用此功能建構相對於隔離單元測試的分離 Angular 相關測試。

然後我們撰寫第一個測試區塊,使用 Jasmine 的 it 定義一個規格區塊。在此區塊中定義與初始化 AppComponent 實例,接著撰寫預設的預期,就是此 AppComponent 的 stock 實例為 undefined。再來手動呼叫 AppComponent 的 ngOnInit 方法建構股票實例。然後撰寫另一個預期以確保值的建構如預期。

注意它的行為仿照 AppComponent 的行為。建立起 AppComponent 的實例時，我們只有 stock 物件的定義但還沒初始值。因此，此測試中 stock 實例的初始預期應該是 undefined。然後我們觸發 ngOnInit 方法以一些值建構 stock 實例。然後測試的斷言檢查 AppComponent 中建構的實例確實有我們要的值。

 注意在隔離單元測試中，Angular 的生命週期方法不會自動呼叫，因此我們手動觸發 ngOnInit。這讓我們能測試其他函式並避免 ngOnInit 中高成本或複雜的伺服器呼叫。

同樣的，我們撰寫第二個測試以評估 AppComponent 類別中的 onToggleFavorite 方法。我們傳入隨機值，而值只供記錄而未使用。我們使用 toBeFalsy 與 toBeTruthy 而非前面使用的 toEquals。它們都是用於規格中的 Jasmine 內建比較程序。完整的 Jasmine 比較程序清單見官方文件（*https://jasmine.github.io/api/2.8/matchers.html*）。

執行測試

如本書使用 Angular 的 CLI 時，執行測試很簡單：

```
ng test
```

以命令列從根目錄執行此測試。它會：

1. 從 *karma.conf.js* 這個 Karma 組態檔案選出組態
2. 載入每個相關的測試與 *test.ts* 測試檔案
3. 捕捉預設瀏覽器（此例中為 Chrome）
4. 執行測試並於終端機報告結果
5. 繼續監視檔案以持續在改變時執行

你應該會看到 Karma 捕捉 Chrome，並產生如圖 5-1 所示的瀏覽器。

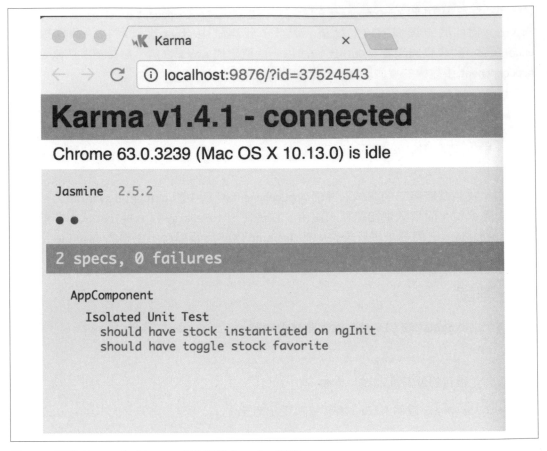

圖 5-1　透過 Karma 在 Chrome 中執行的 Angular 測試

執行 ng test 命令後，你應該會在終端機看到如圖 5-2 所示的輸出。

圖 5-2　終端機中的 Angular 測試輸出

完成後你應該（從 Karma 捕捉的瀏覽器與終端機）看到兩個測試執行成功通過。

撰寫 Angular 相關單元測試

接下來要學的是如何撰寫 Angular 相關且進入 Angular 生命週期的測試。在這種測試中，相較於只將類別初始化，我們以 Angular 的做法將元件初始化，包括元件的 HTML。

我們會撰寫 StockItemComponent 的測試，它會確保在正確的股票輸入下，模板以正確的連結繪製。此外，我們想要確保輸入與輸出正確連結與觸發。

讓我們在 *stock-item.component.ts* 旁邊建構 *stock-item.component.spec.ts* 檔案。同樣的，若檔案已經存在，則將內容替換成下列內容：

```
import { TestBed, async } from '@angular/core/testing';      ❶

import { StockItemComponent } from './stock-item.component';
import { Stock } from '../../model/stock';
import { By } from '@angular/platform-browser';

describe('Stock Item Component', () => {

  let fixture, component;

  beforeEach(async(() => {                    ❷
    TestBed.configureTestingModule({          ❸
      declarations: [
        StockItemComponent
      ],
    }).compileComponents();                   ❹
  }));

  beforeEach(() => {                          ❺
    fixture = TestBed.createComponent(StockItemComponent);    ❻
    component = fixture.componentInstance;     ❼
    component.stock = new Stock('Testing Stock', 'TS', 100, 200);
    fixture.detectChanges();                   ❽
  });

  it('should create stock component and render stock data', () => {
    const nameEl = fixture.debugElement.query(By.css('.name'));      ❾
    expect(nameEl.nativeElement.textContent).toEqual('Testing Stock (TS)');    ❿
    const priceEl = fixture.debugElement.query(By.css('.price.negative'));
    expect(priceEl.nativeElement.textContent).toEqual('$ 100');
    const addToFavoriteBtnEl = fixture.debugElement.query(By.css('button'));
    expect(addToFavoriteBtnEl).toBeDefined();
  });

  it('should trigger event emitter on add to favorite', () => {
    let selectedStock: Stock;
    component.toggleFavorite.subscribe((stock: Stock) => selectedStock = stock);
    const addToFavoriteBtnEl = fixture.debugElement.query(By.css('button'));

    expect(selectedStock).toBeUndefined();
```

```
      addToFavoriteBtnEl.triggerEventHandler('click', null);
      expect(selectedStock).toEqual(component.stock);
   });
});
```

❶　匯入 Angular 測試工具

❷　非同步的 beforeEach，確保模板載入元件中

❸　使用 Angular 的測試工具設定測試模組

❹　編譯所有宣告的元件供後續使用

❺　非 - 非同步的 beforeEach 只在前一個完成後執行

❻　建構測試下的元件實例

❼　取得測試元件實例

❽　手動觸發 Angular 的變更檢測以更新模板

❾　從編譯後的元素取得特定 HTML 元素

❿　檢驗元素是否為預期值

我們加入了許多程式碼並凸顯最重要的部分。讓我們逐步討論以認識使用 Angular 的測試工具撰寫元件的測試：

1. @angular/core/testing 提供一組 Angular 測試功能。TestBed 用於建構模組與元件，async 讓 Jasmine 框架認識 Angular 的非同步行為（例如載入元件的模板，此例中是從外部模板檔案載入）。async 函式確保這些非同步任務完成後才開始執行測試。注意我們以可能不是非同步的執行所有任務的函式呼叫 async 函式，然後將結果傳給 beforeEach。

2. 我們使用 TestBed 設定測試的模組。相較於使用現有模組，我們建構只有我們的元件的模組。這讓我們可以完全控制並確保相依其他定義。此例中，我們宣告 StockItemComponent，然後編譯該元件。它載入元件、載入相關模板與樣式、然後編譯所有宣告的元件供後續使用。它有時會以非同步進行，因此我們將它包在非同步區塊中。

3. 在非 - 非同步的 beforeEach 中，我們建構了一個 fixture，它是元件實例加上模板以及所有相關的東西。與前面只測試元件類別的隔離單元測試不同，此 fixture 結合模板、元件類別實例、與 Angular 的機制。

4. 我們可以從 fixture 實例以 componentInstance 變數取得底層的元件類別實例,然後直接從元件實例操作輸出入。

5. 此測試中,我們沒有使用高階元件,因此不能直接測試 Input 與 Output 連結,但我們可以直接從元件實例操作輸出入。

6. 我們在 beforeEach 中觸發 fixture.detechChanges()。這告訴 Angular 觸發變更檢測,它會檢查元件值並更新相對應的 HTML 連結。它還會執行元件第一次的 ngOnInit。若沒有這麼做,則元件的 HTML 不會有值。我們在設定 stock 值後觸發使這些值會傳播到 HTML。

7. 在實際測試中,我們可以使用 fixture.debugElement 並執行 CSS 查詢,以從產生出的元件存取個別元素。這讓我們可以檢查模板是否有正確的連結與值。因此,我們可以避免撰寫大量端對端檢查而只撰寫 Angular 測試。

8. 在第二個測試中,我們可以實際看到模板中的按鈕元素上 click 事件、StockItemComponent 類別中相對應函式、與帶有目前股價的事件的觸發。

同樣的,我們可以撰寫大部分元件的測試並測試模板的互動,以及認識大部分基本功能與它是否如預期運作。

測試元件互動

最後要檢查 AppComponent 與 StockItemComponent 是否正確互動以及 stock 值是否正確作為輸入從 AppComponent 傳給 StockItemComponent。我們也可以使用 Angular 的測試工具測試這些功能。讓我們在 *app.component.spec.ts* 檔案加入下列測試以擴充 AppComponent 的測試:

```
import { TestBed, async } from '@angular/core/testing';

import { AppComponent } from './app.component';
import { StockItemComponent } from 'app/stock/stock-item/stock-item.component';
import { Stock } from 'app/model/stock';
import { By } from '@angular/platform-browser';

describe('AppComponent', () => {

  describe('Simple, No Angular Unit Test', () => {
    /** 將前面的所有測試移動到
        子描述區塊
    */
  });
```

```
describe('Angular-Aware test', () => {

  let fixture, component;

  beforeEach(async(() => {
    TestBed.configureTestingModule({
      declarations: [
        AppComponent,
        StockItemComponent,
      ],
    }).compileComponents();
  }));

  beforeEach(() => {
    fixture = TestBed.createComponent(AppComponent);
    component = fixture.componentInstance;
    fixture.detectChanges();
  });

  it('should load stock with default values', () => {
    const titleEl = fixture.debugElement.query(By.css('h1'));
    // 截掉 HTML 空白
    expect(titleEl.nativeElement.textContent.trim())
        .toEqual('Stock Market App');

    // 檢查模板中預設股價
    const nameEl = fixture.debugElement.query(By.css('.name'));
    expect(nameEl.nativeElement.textContent)
        .toEqual('Test Stock Company (TSC)');
    const priceEl = fixture.debugElement.query(By.css('.price.positive'));
    expect(priceEl.nativeElement.textContent).toEqual('$ 85');
    const addToFavoriteBtnEl = fixture.debugElement.query(By.css('button'));
    expect(addToFavoriteBtnEl).toBeDefined();
  });

});

});
```

大部分測試類似前面為 StockItemComponent 撰寫的測試，但有幾處不同：

- 設定測試模組時，我們必須提到受測元件 AppComponent 與 StockItemComponent。這是因為 AppComponent 在內部使用 StockItemComponent。若沒有宣告它，則 Angular 會抱怨有未知的元素。

- 除此之外 beforeEach 沒有重大變化。有一點需要注意（並且值得自己嘗試一下）就是如果沒有第二個 beforeEach 中的 fixture.detectChanges，就不會發生任何連結。你可以將它註釋掉來確定它會測試失敗。

- 我們的測試依循之前的模式（事實上，可複製前面 StockItemComponent 的測試）。注意我們截掉從 DOM 取得的文字內容中 HTML 的空白。這在 HTML 不完全是連結值的拷貝時很有用。

讓我們加上另一個測試以確保端至端是雙向的。我們會加入一個測試以確保點擊 Add to Favorite 會更新模型值與隱藏模板中的按鈕。下面的程式只有測試，省略匯入與其他部分。這個部分的 *app.component.spec.ts* 如同前面的規格：

```
it('should toggle stock favorite correctly', () => {
  expect(component.stock.favorite).toBeFalsy();
  let addToFavoriteBtnEl = fixture.debugElement.query(By.css('button'));
  expect(addToFavoriteBtnEl).toBeDefined();
  addToFavoriteBtnEl.triggerEventHandler('click', null);

  fixture.detectChanges();
  expect(component.stock.favorite).toBeTruthy();
  addToFavoriteBtnEl = fixture.debugElement.query(By.css('button'));
  expect(addToFavoriteBtnEl).toBeNull();
});
```

首先，我們檢查預設值以確保股票預設並非最愛，且 Add to Favorite 有顯示。然後我們觸發按鈕的 click 事件。

此時 Angular 應該會介入，從 StockItemComponent 發出事件給 AppComponent、改變模型值、觸發變更檢測、更新 UI。但在我們的測試中，我們必須要求 Angular 觸發變更檢測，因此在觸發事件後，我們手動的呼叫 fixture.detectChanges()。

然後我們可以撰寫斷言來確保行為符合預期。

 忘記觸發 fixture.detectChanges() 是撰寫 Angular 的測試時最常見的錯誤。預設上，它是由開發者在事件對應到使用者互動或伺服器回應時手動觸發。

除錯

有時候你的單元測試與預期不符，或稍微不同。在這種情況下，一個常見的方法是加上很多 console.log 陳述來找出什麼地方有問題。圖 5-3 顯示 Karma 捕捉的 Chrome 瀏覽器中的測試結果。

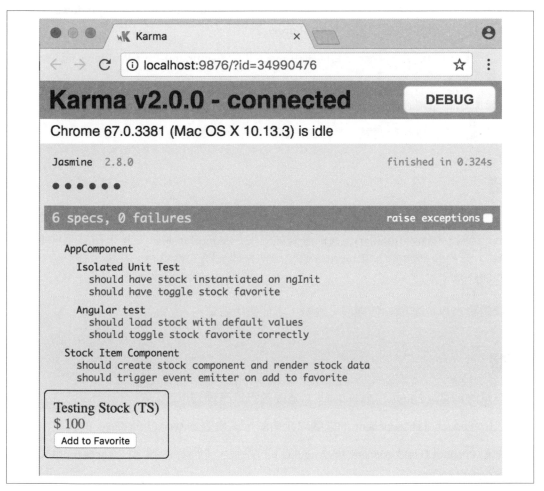

圖 5-3　使用 Chrome 對 Karma 測試除錯

Karma 讓你以使用瀏覽器除錯的方式對測試與應用程式除錯。要對測試除錯：

1. 開啟 Karma 啟動時產生的 Karma Chrome 瀏覽器視窗。它是如圖 5-3 所示上面綠色的工具列。

2. 點擊 Karma 瀏覽器視窗右上的 DEBUG 按鈕。它會開啟除錯模式新分頁讓你開始除錯。

3. 開啟 Chrome 開發者工具（在 macOS 是 Command-Option-I，在 Windows 是 Ctrl-Shift-I）。然後開啟開發者工具的 Sources 分頁。

4. 選擇要除錯的檔案。若找不到則使用 macOS 的 Command-P 或 Windows 的 Ctrl-P 開始輸入檔案名稱。

5. 點擊原始碼左邊行號以加上中斷點。更多資訊見其文件（*http://bit.ly/2s3tdy1*）。

6. 重新載入網頁以執行測試；你的測試應該會停在中斷點。

總結

這一章討論 Angular 的測試。我們看到如何使用 Karma 與 Jasmine 撰寫元件類別與 Angular 無關的隔離單元測試。我們看到如何使用 Angular 測試工具來測試元件邏輯與 Angular。我們看到如何使用 TestBed 測試個別元件與跨元件整合。最後，我們看到測試的執行與除錯。

下一章討論表單以認識如何擷取、檢驗、處理使用者資料。

練習

以前一章的練習（*chapter4/exercise*）為基礎進行以下練習：

1. 加上 ProductListComponent 的隔離單元測試，以檢查 onQuantityChange 的功能。

2. 加上 ProductItemComponent 與 Angular 的測試，以檢查繪製、incrementInCart、decrementInCart。

3. 加上 ProductListComponent 與 Angular 的測試，以檢查 ProductListComponent 與 ProductItemComponent 間的整合。

這些要求能以這一章討論過的概念解決。完成方案見 *chapter5/exercise/ecommerce*。

第六章

使用模板驅動表單

前面討論過基本的 Angular 應用程式，使用簡單的元件與互動。我們已經學到如何建構元件以及基本的資料與事件連結，並看過相關功能。

這一章專注於處理使用者輸入，主要透過表單。表單是許多網頁應用程式的基礎，用於註冊登入與其他更複雜的情境。建構與使用表單不只是使用模板，還有資料連結（從 UI 到程式與從程式到 UI）、表單狀態追蹤、檢驗、錯誤處理。Angular 有兩種表單機制，這一章討論模板驅動，後面章節會討論反應式表單。

模板驅動表單

Angular 的模板驅動表單是前面建構與操作元件的擴充。這種方法也讓人聯想到 AngularJS（1.x 與後續）中的表單如何工作，因為它使用了類似的語法和方法。任何精通這一點的人不會遇到問題。這一節，我們將建構一個簡單的表單，能讓我們新增股票並接著開發。

模板驅動表單如名稱所述，從模板開始，使用資料連結與元件交換資料。它透過模板驅動應用程式的邏輯。

設定表單

討論表單與模板之前,我們必須先認識 Angular。此時我們還不知道如何建構多個路由,因此會先在網頁中加入表單。

我們使用第 5 章的程式,可從 GitHub 下的 *chapter5/component-spec* 目錄取得。

首先從 AppModule 匯入 FormsModule 到 *app.module.ts* 檔案。*src/app/app.module.ts* 看起來應該是這樣:

```
import { BrowserModule } from '@angular/platform-browser';
import { NgModule } from '@angular/core';
import { FormsModule } from '@angular/forms';

import { AppComponent } from './app.component';
import { StockItemComponent } from './stock/stock-item/stock-item.component';

@NgModule({
  declarations: [
    AppComponent,
    StockItemComponent
  ],
  imports: [
    BrowserModule,
    FormsModule             ❶
  ],
  providers: [],
  bootstrap: [AppComponent]
})
export class AppModule { }
```

❶ AppModule 的 imports 中的 FormsModule

它讓應用程式可以使用 Angular 內建的模板驅動表單。表單專屬的邏輯與功能放在獨立的模組中是因為效能與大小,因此開發者可決定應用程式是否需要它。

FormsModule 加入使用 ngModel 的功能,能讓我們在 Angular 中進行雙向資料連結。使用前先讓我們探索其他方式以認識 ngModel 可以做什麼。

替代 ngModel—事件與屬性連結

ngModel 的核心是雙向資料連結。也就是，使用者在 UI 輸入文字時會連結資料回元件。而元件的值改變時（例如伺服器回應或初始化邏輯），它會更新 UI 的值。

前者（使用者在 UI 輸入文字）可透過事件連結處理。我們可以傾聽 input 事件，從事件屬性擷取值並更新元件類別中的值。

後者可透過資料連結處理，我們可以連結 HTML 元素的屬性值與元件的變數。

讓我們以 Angular 的 CLI 建構 CreateStockComponent 元件：

```
ng g component stock/create-stock
```

它會建構元件的骨架與測試。接下來修改 *app/stock/create-stock/create-stock.component.ts* 檔案如下：

```
import { Component, OnInit } from '@angular/core';
import { Stock } from 'app/model/stock';

@Component({
  selector: 'app-create-stock',
  templateUrl: './create-stock.component.html',
  styleUrls: ['./create-stock.component.css']
})
export class CreateStockComponent {

  public stock: Stock;
  constructor() {
    this.stock =  new Stock('test', '', 0, 0);
  }
}
```

我們使用 Angular 的 CLI 產生的模板，但做兩個小修改。我們加入 public 的 stock 成員變數，然後在建構元中以任意值初始化。我們還刪除了 ngOnInit，因為不需要。

接下來讓我們看看 CreateStockComponent 的模板。我們會修改 *app/stock/create-stock/create-stock.component.html* 如下：

```
<h2>Create Stock Form</h2>

<div class="form-group">
  <form>
    <div class="stock-name">
      <input type="text"
             placeholder="Stock Name"
             [value]="stock.name"
             (input)="stock.name=$event.target.value">
    </div>
  </form>
  <button (click)="stock.name='test'">Reset stock name</button>
</div>

<h4>Stock Name is {{stock.name}}</h4>
```

我們加上標頭與有個 text 型別的 input 元素的表單。最後，我們加上另一個標頭，使用內插顯示元件類別中的 stock 變數的 name 目前值。接下來深入討論 input 元素。相較於 type 與 placeholder，有兩個連結必須討論：

- value 連結告訴 Angular，使用元件類別中的 stock.name 欄更新 input 元素的值屬性。它變更時，Angular 也會負責更新屬性。

- input 事件連結告訴 Angular，以事件的值更新 stock.name 的 value。這種狀況下的 $event 在底層是 DOM 的 InputEvent，我們可以透過它存取改變值。

最後，我們有個按鈕的 click 重置 stock.name 的值為 'test'。

執行時應該看到如圖 6-1 所示的畫面。

要認識它如何運作，我建議輪流刪除其中一個連結。

圖 6-1　Angular 的模板驅動表單

刪除 value 連結並執行應用程式（ng serve，如果你忘記的話），在文字框輸入時你會看到 UI 隨著打字更新。但點擊 Reset 按鈕時標頭更新而文字框沒有更新。因此，元件在事件發生時更新，但由於沒有元件到 UI 的連結，若元件在背後更新則 UI 不會更新。

同樣的，我們可以關閉 input 事件連結。在這種狀況下，無論在文字框輸入什麼，底層模型不會更新。

結合兩種連結讓我們感覺有雙向資料連結。

ngModel

當然，誰還記得哪個屬性用於哪個表單欄位？誰會記得各種事件與可用值？要將此資訊簡化與抽象化，Angular 有 ngModel 指令可用。

ngModel 指令與其特殊語法將每個輸入型別抽象化，讓我們能快速的開發表單應用程式。讓我們看看如何以 ngModel 替換 input 與 value 的連結。

我們會修改 *src/app/stock/create-stock/create-stock.component.html* 檔案如下；其餘程式還是一樣：

```
<h2>Create Stock Form</h2>

<div class="form-group">
  <form>
    <div class="stock-name">
      <input type="text"
             placeholder="Stock Name"
             name="stockName"
             [ngModel]="stock.name"
             (ngModelChange)="stock.name=$event">
    </div>
  </form>
  <button (click)="stock.name='test'">Reset stock name</button>
</div>

<h4>Stock Name is {{stock.name}}</h4>
```

大部分 HTML 還是一樣，除了下列的改變：

- 首先，我們在輸入表單元素中加入名稱欄位。這對 ngModel 指令是必要的。若將它刪除，你會在控制台看到錯誤。

- 加入兩個連結。第一個是 ngModel 資料連結。它執行前面的 value 連結，但將底層屬性連結抽象化。它指向取得值的元件成員變數。

- 第二個是 ngModelChange 事件連結。我們以 $event 帶的文字框改變值，更新底層元件成員變數（stock.name）。

它有簡單的版本，大部分一般情況下使用簡單版本，也就是 [(ngModel)] 這個一箱香蕉語法。它將這些陳述封裝成單一運算式，像是：

```html
<h2>Create Stock Form</h2>

<div class="form-group">
  <form>
    <div class="stock-name">
      <input type="text"
             placeholder="Stock Name"
             name="stockName"
             [(ngModel)]="stock.name">
    </div>
  </form>
  <button (click)="stock.name='test'">Reset stock name</button>
</div>

<h4>Stock Name is {{stock.name}}</h4>
```

為何稱為一箱香蕉？

使用 ngModel 指令時，型別括號 () 或 [] 的順序很容易搞混。因此 Angular 團隊幫它取了一個容易記得的名字。() 看起來像香蕉（我說是就是！），而它被放在一個 [] 箱子中。因此，一箱香蕉就是 [()]。

因此，我們以 [(ngModel)] 這個一箱香蕉語法替換 ngModel 與 ngModelChange 連結。結果還是一樣，你應該會看到文字值隨著輸入改變，而文字框的值在按下 Reset 按鈕時重置。

使用 *ngModel* 語法的時機

既然兩種版本的 ngModel 語法都一樣，有需要使用展開的版本嗎？

組合的 ngModel 語法只能設定資料連結屬性。若有更複雜的需求（例如轉換文字大小寫），或設定不同欄位（計算值？），或做其他事情，則你可能要考慮展開的版本。其他時候，一箱香蕉語法很好用！

完整表單

我們討論了簡單表單欄位，讓我們將它擴充成具有各種控制型別，並處理表單提交的完整表單。我們會使用前面的範例，程式在 *chapter6/simple-ng-model* 目錄下。

讓我們擴充範例以讓使用者輸入股票代碼、價格、與最愛狀態。此外，我們有個提交前必須勾的核選框。接下來我們會檢視如何處理提交事件。

首先，我們在前面都沒有變動過的股票模型（*src/app/model/stock.ts*）中如下加入一個欄位：

```
export class Stock {
  favorite = false;

  constructor(public name: string,
              public code: string,
              public price: number,
              public previousPrice: number,
              public exchange: string) {}

  isPositiveChange(): boolean {
    return this.price >= this.previousPrice;
  }
}
```

接下來修改 *app/model/create-stock/create-stock.component.ts*：

```
import { Component, OnInit } from '@angular/core';
import { Stock } from 'app/model/stock';

@Component({
  selector: 'app-create-stock',
  templateUrl: './create-stock.component.html',
  styleUrls: ['./create-stock.component.css']
})
export class CreateStockComponent {

  public stock: Stock;
  public confirmed = false;
  constructor() {
    this.stock =  new Stock('test', '', 0, 0, 'NASDAQ');
  }

  setStockPrice(price) {
    this.stock.price = price;
```

```
    this.stock.previousPrice = price;
  }

  createStock() {
    console.log('Creating stock ', this.stock);
  }
}
```

我們新加入幾個部分：

- 加入股票初始化（'NASDAQ' 參數）

- 加入 confirmed 這個 boolean 成員變數，預設值為 false

- 建構新函式 setStockPrice，輸入股價然後設定 stock 的前後股價

- 最後，新的 createStock 方法在控制台記錄目前的股票變數

接下來建構表單模板的掛鉤以使用它們。我們修改 *src/app/stock/create-stock/create-stock.component.html* 如下：

```
<h2>Create Stock Form</h2>

<div class="form-group">
  <form (ngSubmit)="createStock()">                    ❶
    <div class="stock-name">
      <input type="text" placeholder="Stock Name"
             name="stockName" [(ngModel)]="stock.name">
    </div>
    <div class="stock-code">
      <input type="text" placeholder="Stock Code"
             name="stockCode" [(ngModel)]="stock.code">
    </div>
    <div class="stock-code">
      <input type="number" placeholder="Stock Price"
             name="stockPrice" [ngModel]="stock.price"    ❷
             (ngModelChange)="setStockPrice($event)">
    </div>
    <div class="stock-exchange">
      <div>
        <input type="radio" name="stockExchange"    ❸
               [(ngModel)]="stock.exchange" value="NYSE">NYSE
      </div>
      <div>
        <input type="radio" name="stockExchange"
               [(ngModel)]="stock.exchange" value="NASDAQ">NASDAQ
```

```
      </div>
      <div>
        <input type="radio" name="stockExchange"
               [(ngModel)]="stock.exchange" value="OTHER">OTHER
      </div>
    </div>
    <div class="stock-confirm">
      <input type="checkbox" name="stockConfirm"      ❹
             [(ngModel)]="confirmed">
      I confirm that the information provided above is accurate!
    </div>
    <button [disabled]="!confirmed" type="submit">Create</button> ❺
  </form>
</div>

<h4>Stock Name is {{stock | json}}</h4>
```

❶ 透過 ngSubmit 事件處理程序，處理表單提交

❷ 展開版本的 ngModel，用於處理前後股價

❸ 透過 ngModel 處理單選按鈕

❹ 透過 ngModel 處理核選按鈕

❺ 未勾選時關閉表單

我們在模板中加入全新的表單欄位，包括股票代碼與股價輸入框、交易所單選按鈕、確認資料正確的核選。讓我們逐個說明：

1. 股票代碼類似股票名稱。兩者除目標變數外沒有不同。

2. 股價使用展開版本的 ngModel 語法。這是因為我們想要讓文字框的值來自 stock.price，且使用者設定時 price 與 previousPrice 透過 setStockPrice 設定。

3. 接下來，我們有一組單選按鈕用於選擇交易所。每個單選按鈕的名稱相同（這是 HTML 建構單選的標準做法），且以 ngModel 連結同一個模型變數（stock.exchange）。每個單選按鈕的值定義 stock.exchange 變數的值，同樣的，stock.exchange 變數的值定義哪一個單選按鈕被選取。

4. 然後有個核選連結元件類別的 confirmed 變數。由於它是核選，切換勾選狀態會將 confirmed 的值改為 true 或 false。

5. 最後，有個 submit 型別的 button。它僅於 confirmed 布林設為 true 時可用，點擊會觸發表單的 submit，由 ngSubmit 事件處理程序在表單層級攔截。然後它會觸發元件類別的 createStock 方法。

執行後你會看到如圖 6-2 所示的畫面。

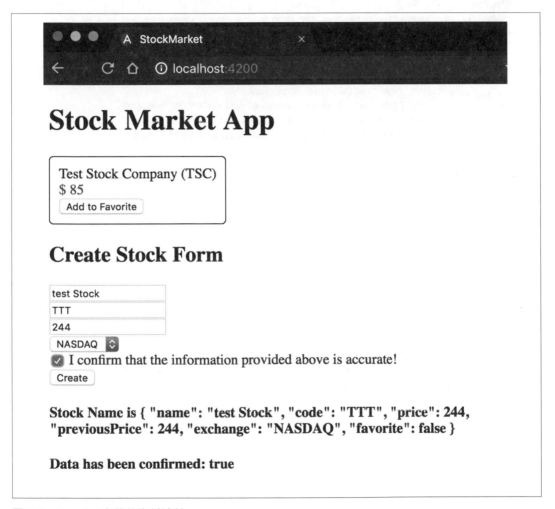

圖 6-2　Angular 表單的資料連結

因此，我們有一個非常簡單的表單，處理不同類型的表單元素並將值連結到元件，允許我們在提交表單後獲取使用者輸入。老實說，我們沒有處理表單上的任何錯誤或要求，我們將在下一節中簡要介紹。

SELECT 呢？

上面的例子沒有討論 select 下拉選單。我們可用它取代單選按鈕。程式要如何修改？目前以下面的 HTML 模板顯示單選按鈕：

```html
<input type="radio" name="stockExchange"
       [(ngModel)]="stock.exchange" value="NYSE">NYSE
<input type="radio" name="stockExchange"
       [(ngModel)]="stock.exchange" value="NASDAQ">NASDAQ
<input type="radio" name="stockExchange"
       [(ngModel)]="stock.exchange" value="OTHER">OTHER
```

我們可以修改成下拉 HTML 模板：

```html
<select name="stockExchange" [(ngModel)]="stock.exchange">
  <option value="NYSE">NYSE</option>
  <option value="NASDAQ">NASDAQ</option>
  <option value="OTHER">OTHER</option>
</select>
```

與其他表單元素類似，只需要 name 與 ngModel 指令，Angular 可以幫我們處理資料連結。我們能以一個 option 標籤與 ngFor，透過程式產生選項來取代個別 option 標籤。假設我們的元件程式中有這一行：

```js
public exchanges = ['NYSE', 'NASDAQ', 'OTHER'];
```

我們可以將模板改為：

```html
<select name="stockExchange" [(ngModel)]="stock.exchange">
  <option *ngFor="let exchange of exchanges"
          [ngValue]="exchange">{{exchange}}</option>
</select>
```

注意 *ngFor 迴圈與 ngValue 確保使用目前值而非寫死。

控制項狀態

Angular 的模板驅動表單的表單檢驗依靠擴充 HTML 的原生表單檢驗（*https://developer. mozilla.org/en-US/docs/Web/Guide/HTML/HTML5/Constraint_validation*）。因此，你可以使用原來的功能，它們應該能直接用在 Angular 表單上。也就是說，Angular 以自己的內部模型整合控制項的狀態與檢驗（無論是 ngModel 或 ngForm），由我們決定使用此內部模型向使用者顯示訊息。

它有兩個面向：

- 狀態讓我們檢視表單控制項的狀態，像是使用者是否造訪過、使用者是否改變它、是否為有效狀態。

- 檢驗告訴我們表單控制項是否有效，與表單元素無效的原因。

讓我們先看看如何取得與使用狀態。ngModel 指令根據使用者的互動，改變元素的 CSS 類別。互動模式主要有三種，每一種有兩個 CSS 類別：

控制項狀態	真的 CSS 類別	偽的 CSS 類別
Visited	ng-touched	ng-untouched
Changed	ng-dirty	ng-pristine
Valid	ng-valid	ng-invalid

這些狀態在不同狀況下能展現不同的體驗或外觀給使用者。我們使用前面的程式碼，程式碼可從 *chapter6/template-driven/full-form* 下載。

接下來，要使用這些控制項狀態，我們無需修改元件類別程式碼。我們只需要修改 CSS 並利用元件的 HTML 模板。

讓我們在 *src/app/stock/create-stock/create-stock.component.css* 檔案加入下列 CSS 類別定義：

```css
.stock-name .ng-valid,
.stock-code .ng-pristine,
.stock-price .ng-untouched {
  background-color: green;
}

.stock-name .ng-invalid,
.stock-code .ng-dirty,
.stock-price .ng-touched {
  background-color: pink;
}
```

接下來修改 *src/app/stock/create-stock/create-stock.component.html* 中的模板 HTML（凸顯不同元素而不是改變功能）：

```html
<h2>Create Stock Form</h2>

<div class="form-group">
  <form (ngSubmit)="createStock()">
    <div>
      The following element changes from green to red
      when it is invalid
    </div>
    <div class="stock-name">
      <input type="text"
             placeholder="Stock Name"
             required                                    ❶
             name="stockName"
             [(ngModel)]="stock.name">
    </div>
    <div>
      The following element changes from green to red
      when it has been modified
    </div>
    <div class="stock-code">
      <input type="text"
             placeholder="Stock Code"
             name="stockCode"
             [(ngModel)]="stock.code">
    </div>
    <div>
      The following element changes from green to red
      when it is visited by the user, regardless of change
    </div>
```

```
<div class="stock-price">
  <input type="number"
         placeholder="Stock Price"
         name="stockPrice"
         [ngModel]="stock.price"
         (ngModelChange)="setStockPrice($event)">
</div>
<div class="stock-exchange">
  <div>
    <select name="stockExchange" [(ngModel)]="stock.exchange">
      <option *ngFor="let exchange of exchanges"
              [ngValue]="exchange">{{exchange}}</option>
    </select>
  </div>
</div>
<div class="stock-confirm">
  <input type="checkbox"
         name="stockConfirm"
         [(ngModel)]="confirmed">
  I confirm that the information provided above is accurate!
</div>
<button [disabled]="!confirmed"
        type="submit">Create</button>
    </form>
</div>

<h4>Stock Name is {{stock | json}}</h4>
<h4>Data has been confirmed: {{confirmed}}</h4>
```

❶　將股票名稱加上必要屬性

對元件的 HTML 唯一的改變是讓股票名稱為必要欄位。Angular 的表單模組負責讀取它，並依此套用表單控制狀態類別，我們不需做什麼。

應用程式加上這兩個改變後：

- 股票名稱有效時（ng-valid 類別），文字框的背景顏色為綠色，無效時（ng-invalid 類別）的背景顏色為粉紅。

- 使用者未修改股票代號時（ng-pristine），文字框的背景顏色為綠色，使用者做出改變時（ng-dirty 類別），無論是否還原，文字框的背景顏色為粉紅。

- 最後，沒有碰股價時的背景顏色還是綠色（ng-untouched 類別），碰了就變粉紅（ng-touched 類別）。注意顏色在使用者互動 / 輸入時還是綠色，離開後才改變。

你當然可以測試：

1. 刪除股票的預設名稱（背景顏色應該從綠色變粉紅）。

2. 在股票代號欄位輸入任意字元（背景顏色應該從綠色變粉紅）。

3. 輸入焦點進入並離開股價欄位（背景顏色應該從綠色變粉紅）。

若依上述順序執行，則畫面應該如圖 6-3 所示。

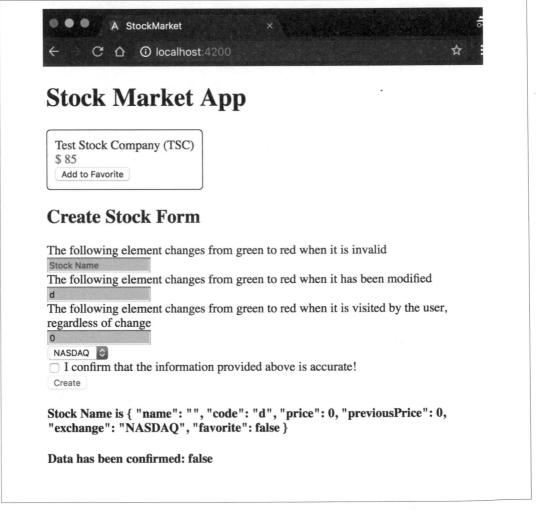

圖 6-3　具有控制項狀態連結的 Angular 表單

控制項檢驗

接下來讓我們看一下如何使用 HTML 表單檢驗，產生錯誤訊息給使用者。這一章還不會討論自訂檢驗，但會討論如何對元素套用多個檢驗與如何顯示錯誤訊息。

Angular 內部有一組檢驗程序模擬 HTML 表單檢驗，並驅動 Angular 應用程式的行為。對表單元素加上檢驗程序後，Angular 會在表單控制項有變化時執行它們，然後反映在控制項與整個表單上。

繼續討論前，你可以閱讀下面的說明以認識模板參考變數，表單控制項檢驗都靠它。

模板參考變數

Angular 的模板參考變數能讓我們取得模板的 DOM 元素、元件、指令的指標。它以 HTML 的前綴 # 標準語法標示。以下面的 HTML 為例：

```
<input type="text" #myStockField name="stockName">
```

#myStockField 是指向輸入表單欄位的模板參考變數。我們可在任何 Angular 運算式中使用它，或透過 myStockField.value 直接存取它的值傳給函式。

除 DOM 元素外，它也可以參考指令底下的類別 / 值，我們就是如此用於表單與表單欄位。

預設上，沒有傳值給它時，它會指向 HTML 的 DOM 元素。

看完上面的說明後，我們繼續討論任何透過模板驅動表單處理錯誤。我們會使用前面的程式（可從 *chapter6/template-driven/control-state* 下載）。

我們會還原前一節的修改並專注於表單檢驗。首先讓我們修改 CSS 以使用粉紅背景反映無效的表單控制項，修改 *src/app/stock/create-stock/create-stock.component.css* 檔案如下：

```css
.stock-name .ng-valid,
.stock-code .ng-valid,
.stock-price .ng-valid {
  background-color: green;
}

.stock-name .ng-invalid,
.stock-code .ng-invalid,
.stock-price .ng-invalid {
```

```
    background-color: pink;
  }
```

接下來修改元件類別（*src/app/stock/create-stock/create-stock.component.ts*），記錄特定條件下的不同值：

```
import { Component, OnInit } from '@angular/core';
import { Stock } from 'app/model/stock';

@Component({
  selector: 'app-create-stock',
  templateUrl: './create-stock.component.html',
  styleUrls: ['./create-stock.component.css']
})
export class CreateStockComponent {

  public stock: Stock;
  public confirmed = false;
  public exchanges = ['NYSE', 'NASDAQ', 'OTHER'];
  constructor() {
    this.stock =  new Stock('', '', 0, 0, 'NASDAQ');
  }

  setStockPrice(price) {
    this.stock.price = price;
    this.stock.previousPrice = price;
  }

  createStock(stockForm) {
    console.log('Stock form', stockForm);
    if (stockForm.valid) {
      console.log('Creating stock ', this.stock);
    } else {
      console.error('Stock form is in an invalid state');
    }
  }
}
```

我們只稍微修改了 **createStock** 方法：

- 以 **stockForm** 作為此函式的參數。這是代表模板中的表單的 **ngForm** 物件，包括所有控制項與狀態。我們也會在控制台記錄它。

- 以此傳入的物件檢查表單是否有效，然後建構股票（在這一點做記錄）。

- 我們還修改建構元，與之前不同，使用空名稱初始化股票。

接下來是對 *src/app/stock/create-stock/create-stock.component.html* 中模板的修改：

```
<h2>Create Stock Form</h2>

<div class="form-group">
  <form (ngSubmit)="createStock(stockForm)" #stockForm="ngForm">      ❶
    <div class="stock-name">
      <input type="text"
             placeholder="Stock Name"
             required
             name="stockName"
             #stockName="ngModel"                                     ❷
             [(ngModel)]="stock.name">
    </div>
    <div *ngIf="stockName.errors && stockName.errors.required">       ❸
        Stock Name is Mandatory
    </div>
    <div class="stock-code">
      <input type="text"
             placeholder="Stock Code"
             required
             minlength="2"
             name="stockCode"
             #stockCode="ngModel"                                     ❹
             [(ngModel)]="stock.code">
    </div>
    <div *ngIf="stockCode.dirty && stockCode.invalid">               ❺
      <div *ngIf="stockCode.errors.required">                        ❻
        Stock Code is Mandatory
      </div>
      <div *ngIf="stockCode.errors.minlength">
        Stock Code must be atleast of length 2
      </div>
    </div>
    <div class="stock-price">
      <input type="number"
             placeholder="Stock Price"
             name="stockPrice"
             required
             #stockPrice="ngModel"                                    ❼
             [ngModel]="stock.price"
             (ngModelChange)="setStockPrice($event)">
    </div>
    <div *ngIf="stockPrice.dirty && stockPrice.invalid">
      <div *ngIf="stockPrice.errors.required">
        Stock Price is Mandatory
      </div>
    </div>
```

```
    </div>
    <div class="stock-exchange">
      <div>
        <select name="stockExchange" [(ngModel)]="stock.exchange">
          <option *ngFor="let exchange of exchanges"
                  [ngValue]="exchange">{{exchange}}</option>
        </select>
      </div>
    </div>
    <div class="stock-confirm">
      <input type="checkbox"
             name="stockConfirm"
             required
             [(ngModel)]="confirmed">
      I confirm that the information provided above is accurate!
    </div>
    <button type="submit">Create</button>
  </form>
</div>

<h4>Stock Name is {{stock | json}}</h4>
<h4>Data has been confirmed: {{confirmed}}</h4>
```

❶   表單模型層級的模板參考變數 stockForm

❷   模板參考變數 stockName 顯露 ngModel 的名稱

❸   檢查模板參考變數的錯誤與存在

❹   模板參考變數 stockCode 顯露 ngModel 的代號

❺   檢查 stockCode 模板參考變數是否有效

❻   檢查 stockCode 的錯誤

❼   模板參考變數 stockPrice 顯露 ngModel 的價格

大部分模板還是一樣，但有一些部分值得一提：

- 我們在表單層級與每個控制項加上一個模板參考變數。表單層級模板參考變數
  （stockForm）連結 NgForm 模型物件，能讓我們檢查表單與控制項的狀態與值。

- 我們對每個文字框加上模板參考變數（sotckName、stockPrice、stockCode），並指派
  NgModel 模型物件給它。這讓我們能檢查之前以 CSS 類別取得的控制項狀態與錯誤。

- 第一個表單欄位（股票名稱）加了一個 div 以顯示錯誤訊息。

- 第二個與第三個欄位將錯誤訊息包在另一個 div 中，檢查特定錯誤前它先檢查表單欄位是否有效。

- 提交表單時我們傳遞指向表單模型的 stockForm 模板參考變數給 createStock 方法。這是模板參考變數的另一個功能：你可以將它們當做元件類別的參數傳遞。

完成的程式碼在 *chapter6/template-driven/control-validity* 目錄下。執行此應用程式應該會看到如圖 6-4 所示的畫面。

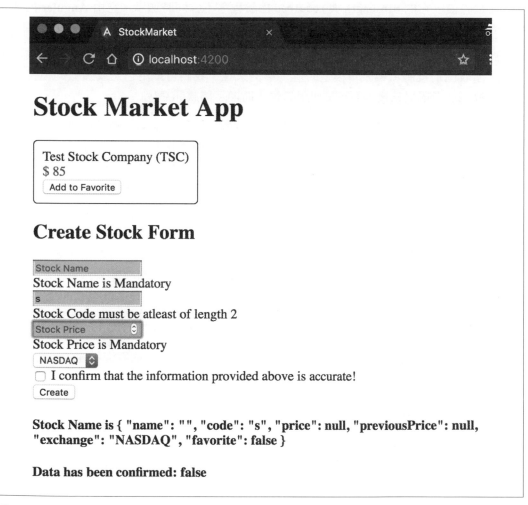

圖 6-4　具有表單檢驗的 Angular 表單

有幾件事值得注意：

- 股票名稱的錯誤訊息預設為顯示，但價格與代號的錯誤訊息只會在碰到該欄位時才顯示。這是將錯誤訊息包在控制項狀態（無效）下的好處，否則欄位預設為無效（因為是空的）。

- 大部分的預設檢驗程序（required、minlength、maxlength）會在模板參考變數的錯誤欄加上相對應的元素，你可以用它顯示相關訊息。

- 注意股價，它的 minlength 與 required 檢驗程序不會同時顯示。它由 Angular 內建的檢驗程序處理，但你必須知道並處理多個檢驗程序同時有錯誤，並決定顯示訊息。

- 最後，我們將 stockForm 模板參考變數傳給元件類別的 createStock 方法。它讓我們能存取個別控制項與表單模型的值。舉例來說，我們可以用它（或類似的模板參考變數）在表單提交後，而不是使用者輸入時顯示錯誤訊息。

因此，你可以使用模板參考變數與檢驗程序，控制何時與如何顯示檢驗訊息。你可以選擇交給模板或在元件類別自行決定如何顯示，或自行建構檢驗訊息並從元件類別控制。使用什麼方式由你決定，而 Angular 提供工具與選擇的彈性。

使用 FormGroup

最後讓我們快快的看一下另一個模板驅動表單與 ngModel 指令的使用方法。之前，我們在元件中宣告成員變數，如何使用 ngModel 來連結。我們可以改為提交表單時以表單模型驅動整個表單，並複製或使用它的值。

我們使用前一節的程式碼（*chapter6/template-driven/control-validity*）。

首先修改 CreateStockComponent 類別，以從表單取出模型值而非依靠資料連結來更新：

```
import { Component, OnInit } from '@angular/core';
import { Stock } from 'app/model/stock';

@Component({
  selector: 'app-create-stock',
  templateUrl: './create-stock.component.html',
  styleUrls: ['./create-stock.component.css']
})
export class CreateStockComponent {

  public stock: Stock;
```

```
public confirmed = false;
public exchanges = ['NYSE', 'NASDAQ', 'OTHER'];
constructor() {
  this.stock =  new Stock('', '', 0, 0, 'NASDAQ');
}

createStock(stockForm) {
  console.log('Stock form', stockForm.value);
  if (stockForm.valid) {
    this.stock = stockForm.value.stock;
    console.log('Creating stock ', this.stock);
  } else {
    console.error('Stock form is in an invalid state');
  }
}
}
```

我們將 createStock 方法改為複製表單的 value 欄的 stock 物件。我們也放棄了 setStockPrice 方法。接下來，讓我們看看如何修改模板：

```html
<h2>Create Stock Form</h2>

<div class="form-group">
  <form (ngSubmit)="createStock(stockForm)" #stockForm="ngForm" >
    <div ngModelGroup="stock">
      <div class="stock-name">
        <input type="text"
               placeholder="Stock Name"
               required
               name="name"
               ngModel>
      </div>
      <div class="stock-code">
        <input type="text"
               placeholder="Stock Code"
               required
               minlength="2"
               name="code"
               ngModel>
      </div>
      <div class="stock-price">
        <input type="number"
               placeholder="Stock Price"
               name="price"
               required
               ngModel>
```

```
      </div>
      <div class="stock-exchange">
        <div>
          <select name="exchange" ngModel>
            <option *ngFor="let exchange of exchanges"
                    [ngValue]="exchange">{{exchange}}</option>
          </select>
        </div>
      </div>
    </div>
    <button type="submit">Create</button>
  </form>
</div>

<h4>Stock Name is {{stock | json}}</h4>
<h4>Data has been confirmed: {{confirmed}}</h4>
```

我們暫時移除所有檢驗程序以專注於下列主要改變：

- 從所有 ngModel 連結移除一箱香蕉語法並只作為屬性。如此使用 ngModel 時，Angular 會以表單元素的名稱欄作為模型名稱，並建構對應表單的模型物件。

- 表單欄位以另一個 div 包圍，並使用 Angular 的 ngModelGroup 指令提供名稱（此例中的 stock）。它將表單元素歸為一組，讓名稱、價格、代號、交易所欄放在通用名稱下，然後可透過 form.value.stock 存取整組值。

我們同樣可以建構多個表單群組並直接使用 ngModel，然後提交時在元件中複製整組值到通用欄（或不要複製）。這是另一種使用 ngModel 與模板驅動表單。完成的程式可從 GitHub 下的 *chapter6/template-driven/form-groups/* 目錄下載。

總結

我們討論了如何處理使用者在表單的輸入。我們深入討論如何建構與使用模板驅動表單，並使用 ngModel 進行雙向資料連結。我們討論 Angular 的控制項狀態，以及檢驗與錯誤訊息。

下一章討論不同的方法：反應式表單。我們會討論先檢視它與模板驅動表單的不同與如何選擇。

練習

使用前一章的程式碼（*chapter5/exercise/ecommerce*）執行下列項目：

1. 建構可新增產品的元件。

2. 建構輸入產品名稱、價格、圖片 URL、是否促銷的表單。嘗試使用表單群組而非透過 ngModel 的雙向連結。

3. 所有欄位必填，加上 Regex 檢驗圖片的 URL。

4. 顯示錯誤訊息，但僅於使用者修改欄位或提交表單後。

5. 提交後複製表單並輸出到控制台。

這些要求能以這一章討論過的概念解決。完成方案見 *chapter6/exercise/ecommerce*。

第七章

使用反應式表單

前一章進行我們的第一個 Angular 表單應用程式。我們討論了模板驅動表單並用於 Angular 應用程式。我們討論了資料連結、使用不同表單元素、執行檢驗與顯示錯誤訊息。

這一章做相同的事情但使用反應式表單。如前述，Angular 有兩種建構表單的方式：模板驅動與反應式。兩者都是 @angular/forms 函式庫的一部分，但模組不同，分別是 FormsModule 與 ReactiveFormsModule。

反應式表單

要認識反應式表單，要認識什麼是反應式程式設計。反應式程式設計簡單來說是撰寫處理與反應非同步資料串流的程式。雖然大部分程式都這麼做，但反應式程式設計有工具與函式庫可結合、過濾、合併這些串流並採取動作，因此很有趣也很快。

與 Angular 的模板驅動表單不同，你在元件程式碼中定義這個 Angular 表單控制項物件樹，然後連結模板中原生表單控制項元素。由於元件能採取表單控制項與資料模型，它可以將資料模型的異動反應到表單控制項，反之亦然，因此進行雙向反應。

認識它們的差別

現在我們有兩個選項（雖然還沒有看過任何一行反應式表單的程式），那麼問題來了：哪一個比較好？答案如你預期，沒有 "比較好" 的選項。兩者各有優劣。

建構模板驅動表單時，我們在模板中宣告表單控制項並加上指令（例如 ngModel）。然後 Angular 負責以指令建構表單控制項。

也就是說，模板驅動表單是宣告式且容易理解。Angular 負責資料模型的同步，推送資料到模型並透過 ngModel 等指令讀取與更新 UI 值。這通常表示較少的元件類別程式碼。

另一方面，反應式表單是非同步的，你可以完全的控制資料與 UI 間的雙向同步。由於是在元件中建構整個表單控制項樹，你能夠存取它而無需處理 Angular 的非同步生命週期。雖然我們還沒有處理過範例，但元件類別初始化時嘗試更新表單控制項，就會發現它們還無法存取。更多資訊見 Angular 的文件（*http://bit.ly/2ki0EcR*）。它還適合反應式的程式設計。

使用反應式表單

比較過反應式與模板驅動表單後，讓我們看看建構反應式表單。我們會逐步進行，從表單控制項開始到群組戶建構程序等各種元件。

表單控制項

反應式表單的核心是 FormControl，它代表模板中的表單元素。反應式表單只是一群 FormControl。我們在 FormControl 層級初始化值與檢驗程序（同步與非同步）。因此，我們在模板驅動表單的模板中做的事情現在發生在 FormControl 層級的 TypeScript 程式碼。

我們使用第 6 章的程式，你可以從 GitHub 的 *chapter6/template-driven/simple-ng-model* 目錄下載。

首先在 *app.module.ts* 檔案中匯入 ReactiveFormsModule。從此範例中移除原來的 FormsModule。*src/app/app.module.ts* 應該像這樣：

```
import { BrowserModule } from '@angular/platform-browser';
import { NgModule } from '@angular/core';
import { ReactiveFormsModule } from '@angular/forms';          ❶

import { AppComponent } from './app.component';
import { StockItemComponent } from './stock/stock-item/stock-item.component';
import { CreateStockComponent }
    from './stock/create-stock/create-stock.component';
```

```
@NgModule({
  declarations: [
    AppComponent,
    StockItemComponent,
    CreateStockComponent
  ],
  imports: [
    BrowserModule,
    ReactiveFormsModule,              ❷
  ],
  providers: [],
  bootstrap: [AppComponent]
})
export class AppModule { }
```

❶ 匯入 ReactiveFormsModule

❷ 將 ReactiveFormsModule 加到 NgModule 的 imports 中

此設置開啟應用程式的反應式表單功能。讓我們看看如何建構可處理名稱的簡單表單。我們先修改 *src/app/stock/create-stock/create-stock.component.html* 檔案中 CreateStockComponent 的模板：

```
<h2>Create Stock Form</h2>

<div class="form-group">

    <div class="stock-name">
      <input type="text"
             placeholder="Stock Name"
             name="stockName"
             [formControl]="nameControl">          ❶
    </div>
    <button (click)="onSubmit()">Submit</button>
</div>

<p>Form Control value: {{ nameControl.value | json }}</p>     ❷
<p>Form Control status: {{ nameControl.status | json }}</p>
```

❶ 使用表單控制項連結而非 ngModel

❷ 存取表單欄位的目前值

我們建構此表單的方式與前一章的模板驅動非常不同。相較於使用 ngModel，我們連結表單元素與 nameControl。然後我們透過此欄位取得表單控制項的目前值，無論是值（透過 nameControl.value）或狀態（透過 nameControl.status，此元素總是有效）。最後，我們有個按鈕可觸發元件的 onSubmit() 方法。

接下來，讓我們檢視修改後以支援此表單的 *src/app/component/stock/create-stock/create-stock.component.ts* 檔案：

```
import { Component, OnInit } from '@angular/core';
import { FormControl } from '@angular/forms';

@Component({
  selector: 'app-create-stock',
  templateUrl: './create-stock.component.html',
  styleUrls: ['./create-stock.component.css']
})
export class CreateStockComponent {

  public nameControl = new FormControl();
  constructor() {}

  onSubmit() {
    console.log('Name Control Value', this.nameControl.value);
  }
}
```

我們刪除了所有 Stock 模型的參考，並匯入與建構稱為 nameControl 的 FormControl 實例。這是我們在模板中連結的變數。然後，在 onSubmit() 呼叫中，我們輸出 nameControl 控制項目前的 value。同樣的，注意與傳統非 MVC 框架的不同，此控制項不會從視圖取得元素的目前值。我們依靠 FormControl 提供輸入元素的視圖表示並持續更新它。

我們使用預設的 FormControl 建構元，但它也可以接受初始值與檢驗程序清單（同步與非同步）參數。稍後會在第 126 頁 "表單群組" 一節深入討論如何加入檢驗程序。

執行此應用程式應該會如圖 7-1 所示，在股票小工具下面有個表單欄位，對它輸入，你應該會看到它下面的表單欄位。

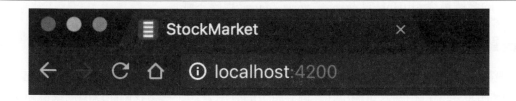

圖 7-1　Angular 反應式表單

總結一下，當我們需要跟蹤任何單個表單元素的狀態和值，例如輸入框或複選框時，FormControl 會很有幫助。在下一節中，我們將看到如何使用 FormControl 和 FormGroup 構建更完整的表單。

完成的範例可從 GitHub 的 *chapter7/form-control* 目錄下載。

表單群組

一般建構表單很少只有一個元素。一個表單通常會有一組欄位與元素。在這種情況下，FormGroup 是集合相關表單欄位在一個群組下的有用方式。它讓我們能以個別或群組追蹤表單控制項。舉例來說，我們可以取得整個表單值，或檢查表單整體是否有效（個別元素與其狀態的結果）。

讓我們修改前一節的範例以使用 FormControl 與 FormGroup 實例建構股票表單。

首先，我們修改 *src/app/stock/create-stock/create-stock.component.html* 模板，以向使用者取得股票相關欄位：

```
<h2>Create Stock Form</h2>

<div class="form-group">
  <form [formGroup]="stockForm" (ngSubmit)="onSubmit()">          ❶
    <div class="stock-name">
      <input type="text"
             placeholder="Stock Name"
             name="stockName"
             formControlName="name">                             ❷
    </div>
    <div class="stock-code">
        <input type="text"
               placeholder="Stock Code"
               formControlName="code">
    </div>
    <div class="stock-price">
        <input type="number"
               placeholder="Stock Price"
               formControlName="price">
    </div>
    <button type="submit">Submit</button>
  </form>
</div>

<p>Form Control value: {{ stockForm.value | json }}</p>          ❸
<p>Form Control status: {{ stockForm.status | json }}</p>
```

❶ 連結 formGroup 而非 formControl

❷ 使用 formGroup 後，在此群組中使用 formControlName

❸ 輸出表單群組而非元素值

主要的修改是從連結 formControl 改為 formGroup。我們在 form 層級做這件事。接下來對每個表單元素使用 formControlName，每一個都連結到 formGroup 中的一個元素。最後，我們顯示目前 value 與 status，類似對 FormControl 做的事。

還有，為容易閱讀，我們從呼叫 nameControl 改為元件的 name、code、price。

接下來修改 *src/app/stock/create-stock/create-stock.component.ts* 中的元件類別：

```
import { Component, OnInit } from '@angular/core';
import { FormControl, FormGroup, Validators } from '@angular/forms';

@Component({
  selector: 'app-create-stock',
  templateUrl: './create-stock.component.html',
  styleUrls: ['./create-stock.component.css']
})
export class CreateStockComponent {

  public stockForm: FormGroup = new FormGroup({
    name: new FormControl(null, Validators.required),
    code: new FormControl(null, [Validators.required, Validators.minLength(2)]),
    price: new FormControl(0, [Validators.required, Validators.min(0)])
  });
  constructor() {}

  onSubmit() {
    console.log('Stock Form Value', this.stockForm.value);
  }
}
```

我們在元件中初始化並顯露稱為 stockForm 的 FormGroup 實例。這是在模板的表單層級連結的東西。FormGroup 能讓我們初始化其中多個具名控制項，而我們這麼做以初始化名稱、代號、股價的表單控制項。這一次，我們還利用 FormControl 的建構元加入預設值與檢驗程序。

FormControl 建構元的第一個參數是表單控制項的預設值。我們將表單控制項的預設值設為 null 與 0。

FormControl 建構元的第二個參數可以是單一 Validator 或 Validator 陣列。有一組內建的檢驗程序可確保 FormControl 是必填或有最小值。這些檢驗程序可以是同步（如我們使用的），或非同步（舉例來說，在伺服器檢查使用者名稱）。更多內建檢驗程序資訊見 Angular 官方文件（*https://angular.io/api/forms/Validators*）。

提交表單時（使用 ngSubmit 事件連結），我們輸出整個表單群組值到控制台。

執行並輸入一些值，我們應該會在 UI 看到表單反應，並輸出表單的目前值與有效狀態。它看起來應該如圖 7-2 所示。

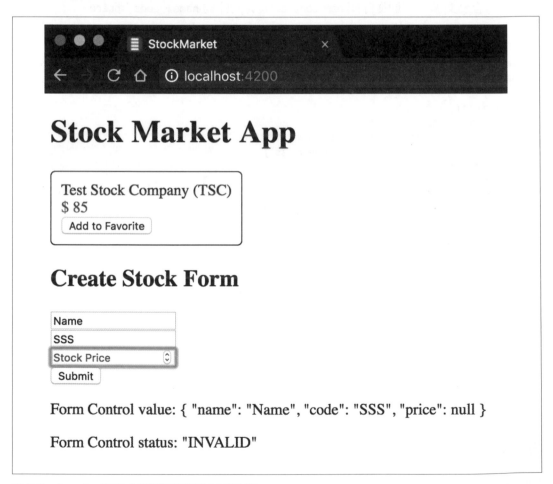

圖 7-2　Angular 反應式表單與表單控制項狀態

完成的範例可從 GitHub 的 *chapter7/form-groups* 目錄下載。

FormBuilder

雖然 FormGroup 能建構複雜、套疊的表單（順道一提，你可以在表單群組中套疊表單群組！），但語法有點囉嗦。因此，Angular 有個 FormBuilder 可以更乾淨的方式建構複雜的表單。

FormBuilder 的一項優點是無需修改模板。FormBuilder 基本上是快速建構 FormGroup 與 FormControl 元素，而無需為每個元素呼叫 new 的語法縮寫。反應式表單還是依靠這些元素運行，而 FormBuilder 並沒有捨棄它們。

讓我們將 CreateStockComponent 改為 FormBuilder。修改 *src/app/stock/create-stock/create-stock.component.ts* 檔案如下：

```
import { Component, OnInit } from '@angular/core';
import { FormControl, FormGroup } from '@angular/forms';
import { Validators, FormBuilder } from '@angular/forms';      ❶

@Component({
  selector: 'app-create-stock',
  templateUrl: './create-stock.component.html',
  styleUrls: ['./create-stock.component.css']
})
export class CreateStockComponent {

  public stockForm: FormGroup;                   ❷
  constructor(private fb: FormBuilder) {         ❸
    this.createForm();
  }

  createForm() {
    this.stockForm = this.fb.group({             ❹
      name: [null, Validators.required],         ❺
      code: [null, [Validators.required, Validators.minLength(2)]],
      price: [0, [Validators.required, Validators.min(0)]]
    });
  }

  onSubmit() {
    console.log('Stock Form Value', this.stockForm.value);
  }
}
```

❶ 從 @angular/forms 匯入 FormBuilder

❷ 宣告時不再初始化 FormGroup

❸ 將 FormBuilder 實例注入建構元

❹ 使用注入的 FormBuilder 建構 FormGroup

❺ 以空值初始化名稱控制項與必要的檢驗程序

主要的修改是 stockForm 這個 FormGroup 實例的初始化。相較於行內初始化，我們將 FormBuilder 實例注入到建構元，然後在建構元中使用 FormBuilder 實例的 group 方法建構表單控制項。

就算是建構表單控制項，我們也是使用 FormBuilder 的縮寫語法。舉例來說，若想要以空字串初始化 name 文字欄位，我們使用稱為 name 的鍵並傳入空字串（也就是 name: ''）。上面的程式中，我們想要以預設值初始化並加入一些檢驗程序，因此不是傳一個值而是陣列。

陣列的第一個值是表單控制項的預設值（name 與 code 為空，price 為 0）。第二個值是一個檢驗程序（如 name 的狀況），或檢驗程序陣列（如 code 與 price 的狀況）。

其他東西基本上沒改變。應用程式的行為與前面一樣，但更為簡潔。元素更多的表單使用 FormBuilder 而非 FormGroup 比較合理，因為程式更少更可讀。

完成的範例可從 GitHub 的 *chapter7/form-builder* 目錄下載。

表單資料

我們討論過手動處理表單資料。我們使用 FormControl 或 FormGroup 存取值。這一節討論資料與表單模型，以及反應式表單的資料、控制項、表單狀態（有效、無效等）處理。

控制項狀態、有效性、錯誤訊息

討論表單模型的結構與元件的資料模型前，我們會先討論控制項的狀態與有效性的處理。控制項的狀態與有效性的處理類似模板驅動表單的處理，因為控制項的狀態與有效性一樣。不一樣的是存取屬性的方法。

讓我們在表單中加上錯誤訊息以顯示每個欄位的錯誤訊息。也就是說，我們只對使用者碰到的欄位顯示錯誤訊息。因此，預設上，網頁開啟時，沒有顯示任何錯誤訊息。

我們使用前面的範例，可從 *chapter7/form-builder* 複製。修改前，下面有個 Angular 基本控制項狀態參考（重複第 6 章的內容）：

控制項狀態	真的 CSS 類別	偽的 CSS 類別
Visited	ng-touched	ng-untouched
Changed	ng-dirty	ng-pristine
Valid	ng-valid	ng-invalid

我們使用它來凸顯與顯示表單的錯誤與狀態。但這一次專注於顯示條件錯誤訊息，以多個檢驗程序處理。

接下來看看如何修改反應式表單模板，以在表單中顯示錯誤訊息。修改 *src/app/stock/create-stock/create-stock.component.html* 如下：

```
<h2>Create Stock Form</h2>

<div class="form-group">
  <form [formGroup]="stockForm" (ngSubmit)="onSubmit()">
    <div class="stock-name">
      <input type="text"
             placeholder="Stock Name"
             name="stockName"
             formControlName="name">
      <div *ngIf="stockForm.get('name').invalid &&              ❶
                 ( stockForm.get('name').dirty ||
                   stockForm.get('name').touched )">
        Name is required
      </div>
    </div>
    <div class="stock-code">
      <input type="text"
             placeholder="Stock Code"
             formControlName="code">
      <div *ngIf="stockForm.get('code').invalid &&
                 ( stockForm.get('code').dirty ||
                   stockForm.get('code').touched )">
        <div *ngIf="stockForm.get('code').errors.required">     ❷
          Stock Code is required
        </div>
        <div *ngIf="stockForm.get('code').errors.minlength">
          Stock Code must be at least 2 characters
        </div>
      </div>
    </div>
```

```
    <div class="stock-price">
      <input type="number"
             placeholder="Stock Price"
             formControlName="price">
      <div *ngIf="stockForm.get('price').invalid &&
                 ( stockForm.get('price').dirty ||
                   stockForm.get('price').touched )">
        <div *ngIf="stockForm.get('price').errors.required">
          Stock Price is required
        </div>
        <div *ngIf="stockForm.get('price').errors.min">
          Stock Price must be positive
        </div>
      </div>
    </div>
    <button type="submit">Submit</button>
  </form>
</div>

<p>Form Control value: {{ stockForm.value | json }}</p>
<p>Form Control status: {{ stockForm.status | json }}</p>
```

❶ 透過群組存取個別控制項元素的有效性

❷ 檢查表單元素個別檢驗程序的狀態

雖然表單與前面的範例相同,但改成顯示條件式錯誤訊息。此模板中有些東西值得一提,因此讓我們逐個說明:

• 每個表單元素下面有個 div 元素,用來顯示條件式錯誤訊息。

• 從元件類別初始化 FormGroup 時,我們以個別表單控制項的名稱呼叫 stockForm.get() 取得個別表單元素。

• 我們對每個 FormControl 檢查各種屬性,像是元素是否被碰過(也就是使用者是否存取過該元素)、表單元素是否修改過(髒或乾淨)、是否有效等。

• 我們的範例依靠這些屬性,確保只有在表單元素有效且使用者修改(有修改為 dirty,否則是 pristine)或存取(有存取為 touched,否則是 untouched)才顯示錯誤訊息。

• 對檢驗程序一個以上的表單欄位(股票代碼與價格)檢查 errors 屬性。此欄位能讓我們檢查什麼錯誤導致此表單欄位無效,並顯示相對的錯誤訊息。

相較於重複 stockForm.get('price')，你可能想要在元件類別中建構簡單
的 getter：

```
@Component({
  selector: 'app-create-stock',
  templateUrl: './create-stock.component.html',
  styleUrls: ['./create-stock.component.css']
})
export class CreateStockComponent {
/* 省略無關程式碼 */

  get name() { return this.stockForm.get('name'); }

  get price() { return this.stockForm.get('price'); }

  get code() { return this.stockForm.get('code'); }
}
```

接下來在 HTML 中可以將 stockForm.get('name').invalid 改為 name.
invalid。

以此方式，我們可以與表單控制項的狀態互動，並提供正確的使用者體驗。

完成的範例在 GitHub 下的 *chapter7/control-state-validity*。

表單與資料模型

接下來討論存取與操作表單資料，以及表單與元件資料模型的互動。前面的範例將這個
部分簡化，只從 FormGroup 或 FormControl 存取 value。這也是我們使用 json 管道以及單
擊 Submit 按鈕時，在元件中記錄模板的內容。

讓我們使用一個範例來展示如何使用表單與資料模型，以及兩者如何互動。首先，讓我
們修改前一個範例（可從 *chapter7/control-state-validity* 目錄複製）以加上幾個動作。

我們修改 *src/app/stock/create-stock/create-stock.component.html* 的模板，以加上 Create
StockComponent：

```
<h2>Create Stock Form</h2>

<div class="form-group">
  <form [formGroup]="stockForm" (ngSubmit)="onSubmit()">

    <!-- Repeated code from before, omitted for brevity -->
```

```
    <button type="submit">Submit</button>
    <button type="button"
            (click)="resetForm()">
      Reset
    </button>
    <button type="button"
            (click)="loadStockFromServer()">
      Simulate Stock Load from Server
    </button>
    <button type="button"
            (click)="patchStockForm()">
      Patch Stock Form
    </button>
  </form>
</div>

<p>Form Control value: {{ stockForm.value | json }}</p>
<p>Form Control status: {{ stockForm.status | json }}</p>
```

大部分模板不變，但在表單後面加上三個按鈕。它們都會呼叫元件類別中稍後會看到的
方法。這三個按鈕基本上執行下列兩個動作：

1. 重置表單到原始狀態

2. 模擬從伺服器載入股票

為了執行後者，我們展示了兩種方法，透過這兩種方法我們可以用我們的反應式表單實
現這一點。

 注意 button 元素的 type。它視瀏覽器而有不同的預設。舉例來說，Mac
上的 Chrome 會預設 type 為 submit，而導致表單在觸發事件處理程序下
提交。

接下來是 **CreateStockComponent** 類別，它的改變最多。修改 *src/app/stock/create-stock/*
create-stock.component.ts 檔案如下：

```
/** 匯入沒有改變 **/

let counter = 1;

/** 元件修飾詞沒有改變 **/
```

```
export class CreateStockComponent {

  private stock: Stock;                    ❶
  public stockForm: FormGroup;
  constructor(private fb: FormBuilder) {
    this.createForm();
    this.stock = new Stock('Test ' + counter++, 'TST', 20, 10);  ❷
  }

  createForm() {
    this.stockForm = this.fb.group({
      name: [null, Validators.required],
      code: [null, [Validators.required, Validators.minLength(2)]],
      price: [0, [Validators.required, Validators.min(0)]]
    });
  }

  loadStockFromServer() {
    this.stock = new Stock('Test ' + counter++, 'TST', 20, 10);
    let stockFormModel = Object.assign({}, this.stock);
    delete stockFormModel.previousPrice;
    delete stockFormModel.favorite;
    this.stockForm.setValue(stockFormModel);      ❸
  }

  patchStockForm() {
    this.stock = new Stock(`Test ${counter++}`, 'TST', 20, 10);
    this.stockForm.patchValue(this.stock);         ❹
  }

  resetForm() {
    this.stockForm.reset();         ❺
  }

  onSubmit() {
    this.stock = Object.assign({}, this.stockForm.value);
    console.log('Saving stock', this.stock);
  }
}
```

❶　除了表單模型還加上 stock 模型物件

❷　以一些預設值初始化股票模型

❸　以 stock 資料模型值設定整個表單模型

❹ 以可用欄位更新表單模型

❺ 重置表單到初始狀態

雖然看起來加了很多程式碼，實際上沒有很多。讓我們逐一認識改了什麼：

1. 你可以忽略 counter；它只是確保點擊按鈕時改變某個東西（名稱）。它與 Angular 的功能無關。

2. 我們建構了 stock 模型物件，它是純資料模型物件。它與 Angular 表單模型或其他討論過的東西無關。它與表單模型平行，但具有我們在表單中沒有要求的幾個額外欄位。我們在建構元中以預設值初始化（但到這一點之前沒有使用或與模板有關）。

3. createForm 方法沒有改變。

4. 建構 loadStockFromServer 方法以模擬從伺服器取得股票細節。雖然它是非同步的（不像真正的 HTTP 伺服器呼叫），但展示如何取得值並推到 UI 的表單模型中。

5. 我們在 stockForm 這個 FormGroup 實例中使用 setValue 方法。此方法取用完全符合表單模型的 JSON 模型物件。這表示 setValue 需要有 name、code、price 鍵的物件。鍵不多不少就是這些，否則會拋出錯誤。表單的模型物件值會根據該物件更新，且這些值會顯示在 UI 的表單中。這也是為何要在呼叫 setValue 前，從模型物件刪除其他鍵的原因。

6. 觸發 loadStockFromServer 方法，會以新建構的 stock 實例更新表單的名稱、代號、價格。

7. patchStockForm 使用 stockForm 這個 FormGroup 實例的 patchValue。這個方法以可用的欄位更新表單，它會忽略多餘的欄位。

8. 觸發 patchStockForm 實例與觸發前一個按鈕有同樣的效果。有趣的是（留作練習）刪除股票物件的代號並嘗試更新。對 setValue 這麼做會拋出例外，而 patchValue 會設定其他欄位（name、price）並保持代號不變。

9. resetForm 只是重置表單到初始狀態。

注意我們修改了 onSubmit 方法。雖然此例中的表單模型與資料模型相同，但最好不要直接指派表單模型給資料模型，而是複製它。此例中，因為它是簡單的物件，可用 Object.assign 或分散的運算子，但比較複製的模型必須使用深複製。

完成的範例可從 GitHub 的 *chapter7/form-model* 目錄下載。

反應式表單的其他優點

反應式表單相對模板驅動表單的其他優點是，強制開發者分離使用者所見與互動（我們稱為表單模型），和驅動應用程式的資料模型。視圖與底層資料模型不同在大部分應用程式中很常見。反應式表單清楚的分離它們，並讓你清楚資料流與完全的控制 UI 與元件的連結。

FormArray

我們會修改股市應用程式以示範與反應式表單有關的最後一件事。假設我們要顯示每個股票相關公司的主要經營者與其職稱，每個公司可能有一或多個經營者。

這會讓我們看到如何清楚處理多個值與套疊表單元素。修改前一節的程式以支援下列功能：

1. 對股票加入代表一或多個經營者的模型
2. 在 UI 加入新增經營者的按鈕
3. 在 UI 加入刪除經營者的按鈕
4. 對新增的經營者進行基本檢驗

讓我們逐步完成它。範例程式可從 *chapter7/form-model* 下載。

我們先修改模型以認識經營者概念。理想中，我們會讓它獨立為一個模型檔案，但此處為可讀性與容易理解而採取捷徑。我們將模型如下加入 *src/app/model/stock.ts* 檔案：

```
export class Stock {
  favorite = false;
  notablePeople: Person[];

  constructor(public name: string,
              public code: string,
              public price: number,
              public previousPrice: number) {
    this.notablePeople = [];
  }

  isPositiveChange(): boolean {
```

```
    return this.price >= this.previousPrice;
  }
}

export class Person {
  name: string;
  title: string;
}
```

我們加入具有 name 與 title 的 Person 類別，然後將它以 notablePeople 為名稱加入 Stock 類別。我們在 Stock 類別的建構元將它初始化為空陣列。

接下來是 CreateStockComponent 類別。首先看看元件類別的修改，位置在 *src/app/stock/creat-stock/create-stock.component.ts*：

```
/**
省略，沒有修改匯入
*/
export class CreateStockComponent {

  private stock: Stock;
  public stockForm: FormGroup;
  constructor(private fb: FormBuilder) {
    this.createForm();
  }

  createForm() {
    this.stockForm = this.fb.group({
      name: [null, Validators.required],
      code: [null, [Validators.required, Validators.minLength(2)]],
      price: [0, [Validators.required, Validators.min(0)]],
      notablePeople: this.fb.array([])            ❶
    });
  }

  get notablePeople(): FormArray {                ❷
    return this.stockForm.get('notablePeople') as FormArray;
  }

  addNotablePerson() {                            ❸
    this.notablePeople.push(this.fb.group({
      name: ['', Validators.required],
      title: ['', Validators.required]
    }))
  }
```

```
    removeNotablePerson(index: number) {          ❹
      this.notablePeople.removeAt(index);
    }

    resetForm() {
      this.stockForm.reset();
    }

    onSubmit() {
      this.stock = Object.assign({}, this.stockForm.value);
      console.log('Saving stock', this.stock);
    }
  }
```

❶　notablePeople 初始化為 FormArray 實例

❷　方便從模板存取 FormArray 的 getter

❸　將新的 FormGroup 實例加入 FormArray

❹　從 FormArray 刪除特定 FormGroup 實例

元件類別的程式有幾件值得注意的事情。我們刪除與模型有關的東西，包括從類別載入與更新股票模型物件，然後加入：

- notablePeople 到 FormGroup。注意 notablePeople 是個 FormArray 實例，初始值為空。若必須以現有值產生，可將它傳給建構元。

- 我們建構了 notablePeople 的 getter，它到 stockForm 這個 FormGroup 實例中回傳 notablePeople 這個 FormArray 實例。這是為了避免我們在模板中寫出 this.stockForm.get('notablePeople')。

- 由於每個股票可以有零或多個經營者，我們必須能夠加入任意數量的經營者。addNotablePerson() 方法就是做這個。注意每個經營者實例以一個 FormGroup 表示。因此想新增經營者時要加入帶有 name 與 title 的 FormGroup。

- 同樣的，想要刪除使用者時使用 removeNotablePerson()。它以索引從 FormArray 實例刪除特定索引。

接下來，我們會在 *src/app/stock/create-stock/create-stock.component.css* 加入 CSS 以分隔每個人：

```css
.notable-people {
  border: 1px solid black;
  padding: 10px;
  margin: 5px;
}
```

最後，如下修改 *src/app/stock/create-stock/create-stock.component.html*：

```html
<h2>Create Stock Form</h2>

<div class="form-group">
  <form [formGroup]="stockForm" (ngSubmit)="onSubmit()">
    <!-- 前面的表單元素相同 -->
    <!-- 省略 -->
    <div formArrayName="notablePeople">
      <div *ngFor="let person of notablePeople.controls; let i = index"
           [formGroupName]="i"
           class="notable-people">
        <div>
          Person {{i + 1}}
        </div>
        <div>
          <input type="text"
                 placeholder="Person Name"
                 formControlName="name">
        </div>
        <div>
          <input type="text"
                 placeholder="Person Title"
                 formControlName="title">
        </div>
        <button type="button"
                (click)="removeNotablePerson(i)">
          Remove Person
        </button>
      </div>
    </div>
    <button type="button"
            (click)="addNotablePerson()">
      Add Notable Person
    </button>
    <button type="submit">Submit</button>
    <button type="button"
```

```
            (click)="resetForm()">
      Reset
    </button>
  </form>
</div>

<p>Form Control value: {{ stockForm.value | json }}</p>
<p>Form Control status: {{ stockForm.status | json }}</p>
<p>Stock Value: {{stock | json}}</p>
```

元件類別中建構的 FormArray 實例有幾件值得注意的事情：

- 相較於使用 formControlName，我們在 div 元素中使用 formGroupName。這個元素會帶有零或多個表單，各表示一個經營者。

- 透過 notablePeople.controls 存取的 FormArray 實例的每個項目複製一個 div。notablePeople 存取我們在元件中建構的 getter。

- 我們還透過變數 i 顯露 *ngFor 的目前索引。

- 我們透過 formGroupName 連結 FormArray 中的每個 FormGroup 元素，以陣列的個別索引連結。

- 這樣就可以像我們到目前為止一樣單獨使用 formControlName 作為 name 與 title。這可確保 name 與 title 連結到 FormArray 中索引所表示的特定 FormGroup 實例。

- 最後，每個 *ngFor 實例有個 Remove Person 按鈕，它呼叫 removeNotablePerson() 方法，有個 Add Person 按鈕，它呼叫 addNotablePerson() 方法。

執行時應該會看到 Add Notable Person 按鈕。點擊後應該會顯示輸入個人資料的表單元素。你可以點擊多次以輸入更多人，且可以點擊 Remove 來刪除人。應用程式應該如圖 7-3 所示。

圖 7-3　使用 FormArray 的 Angular 表單

注意表單值（以 JSON 刪除）也有你輸入的個人資料。因此，提交表單時，你可以看到此資料轉換成資料模型。

完成的範例在 GitHub 下的 *chapter7/form-arrays* 目錄中。

總結

我們討論了如何建構反應式表單代替模板驅動表單。我們討論了這些表單的結構與 FormControl、FormGroup、FormArray 等元素。我們討論了模板驅動表單與反應式表單的差別，以及表單模型（或顯示模型）與資料模型的差別。

下一章討論 Angular 的服務以及如何建構與使用。我們還會討論 Angular 的相依注入框架，與使用可觀察處理非同步行為。

練習

以第 5 章的練習（可從 *chapter5/exercise/ecommerce* 下載）執行下列項目：

1. 建構新元件以加入新產品。

2. 建構輸入產品名稱、價格、圖片 URL、是否促銷的表單。建構 FormGroup 來封裝這個表單。使用 FormBuilder。

3. 除了 On Sale 外均為必填。價格最小有效值為 1。

4. 加上 Regex 檢驗圖片 URL。

5. 僅於使用者修改欄位或提交時顯示相關錯誤訊息。

6. 成功提交時從控制台輸出表單。

這些要求能以這一章討論過的概念解決。完成方案見 *chapter7/exercise/ecommerce*。

第八章

Angular 服務

前兩章討論基於表單的 Angular 應用程式。我們使用兩種方式：傳統的模板驅動與反應式。我們討論了基礎元件以及檢驗與訊息。

這一章討論 Angular 服務。我們會認識 Angular 服務是什麼與如何建構。開始建構 Angular 服務前，我們會深入 Angular 相依注入系統並認識如何使用它。

Angular 服務是什麼？

前面大部分都在使用 Angular 元件。元件負責決定顯示什麼資料，以及如何在 UI 上繪製與顯示。連結元件資料與 UI 以及連結 UI 事件與元件的方法，讓我們能處理使用者互動。也就是 Angular 元件是顯示層，應該專注於資料的顯示。

若元件是顯示層，則問題是 Angular 的什麼東西負責取得資料與業務邏輯。Angular 服務就是做這個。Angular 服務是應用程式中共通的層，可跨各種元件重複使用。一般來說，你會在下列情況建構與使用 Angular 服務：

- 你需要從伺服器取得或傳送資料。這可能涉及處理要傳輸資料。

- 你需要封裝非特定元件的邏輯，或可跨元件重複使用的邏輯。

- 你需要跨元件共用資料，特別是互相不認識的元件。服務在應用程式中預設為單一實例，如此能讓你儲存狀態並跨各種元件存取它們。

另一種看 Angular 服務的方式是將它視為把 "如何" 從元件抽離，因此元件可專注於 "什麼" 並由服務決定如何。

建構 Angular 服務

相較於抽象的討論，讓我們以實際的程式認識服務的概念。我們會修改前面的範例來使用 Angular 服務。我們會嘗試讓股票應用程式達成下列功能：

- 從服務取得股票清單而非寫死在元件中。

- 建構股票時會傳送給服務。

- 建構股票時會顯示在股票清單中。

若要繼續使用元件，我們必須讓 CreateStockComponent 與 StockItemComponent 溝通，並保持資料同步。這表示元件必須相互認識，並知道在階層中的關係。

首先，我們加入取得股票清單的 StockListComponent，並以 StockItemComponent 顯示它們。此元件會使用建構作為元件後台的 StockService。它負責取得股票清單與建構股票。股票在這一章繼續作為用戶端的清單，但每個元件無需考慮建構的細節。然後我們討論如何配合 HTTP 伺服器，看看中間有服務層時有多簡單。

深入範例

範例使用 *chapter6/template-driven/control-validity* 的程式。我們會修改此範例以達成上述目標。

首先處理簡單的部分。StockItemComponent 類別無需修改，但會修改模板以根據股票狀態顯示 Add to Favorite 與 Remove from Favorite 按鈕。修改 *src/app/stock/stock-item/stock-item.component.html* 如下：

```
<div class="stock-container">
  <div class="name">{{stock.name + ' (' + stock.code + ')'}}</div>
  <div class="exchange">{{stock.exchange}}</div>
  <div class="price"
      [class.positive]="stock.isPositiveChange()"
      [class.negative]="!stock.isPositiveChange()">$ {{stock.price}}</div>
  <button (click)="onToggleFavorite($event)"
          *ngIf="!stock.favorite">Add to Favorite</button>
  <button (click)="onToggleFavorite($event)"
          *ngIf="stock.favorite">Remove from Favorite</button>
</div>
```

我們加入一個 div 以顯示股票的 exchange，與股票已經加入最愛時顯示 Remove from Favorite 的按鈕。

接下來建構與整合 StockService 前，先建構 StockListComponent 的骨架。執行下列命令來產生骨架：

```
ng g component stock/stock-list
```

然後根據我們的需求修改。如下修改 *src/app/stock/stock-list/stock-list.component.ts* 檔案：

```
import { Component, OnInit } from '@angular/core';
import { Stock } from 'app/model/stock';

@Component({
  selector: 'app-stock-list',
  templateUrl: './stock-list.component.html',
  styleUrls: ['./stock-list.component.css']
})
export class StockListComponent implements OnInit {

  public stocks: Stock[];
  constructor() { }

  ngOnInit() {
    this.stocks = [
      new Stock('Test Stock Company', 'TSC', 85, 80, 'NASDAQ'),
      new Stock('Second Stock Company', 'SSC', 10, 20, 'NSE'),
      new Stock('Last Stock Company', 'LSC', 876, 765, 'NYSE')
    ];
  }

  onToggleFavorite(stock: Stock) {
    console.log('Favorite for stock ', stock, ' was triggered');
    stock.favorite = !stock.favorite;
  }
}
```

有幾件事要注意，但基本上都不是新的：

- 我們在類別層級宣告股票陣列，並在 ngOnInit 以一些預設值初始化。

- 有個 onToggleFavorite 函式記錄股票與最愛的狀態。

接下來看看 *src/app/stock/stock-list/stock-list.component.html* 中的相對應模板：

```
<app-stock-item *ngFor="let stock of stocks" [stock]="stock"
                (toggleFavorite)="onToggleFavorite($event)">
</app-stock-item>
```

我們在此模板中以迴圈顯示所有股票的 StockItemComponent 實例。我們要求 StockItemComponent 在點擊 Add to Favorite 或 Remove from Favorite 按鈕時，觸發 onToggleFavorite。

 由於我們使用 Angular 的 CLI 產生元件，我們無需在 Angular 模組登記新建構的元件，否則還要在 *app.module.ts* 檔案的 declarations 中加入新建構的元件。

接下來可以簡化 AppComponent。*src/app/app.component.ts* 中的元件類別可如下修改：

```
import { Component, OnInit } from '@angular/core';

@Component({
  selector: 'app-root',
  templateUrl: './app.component.html',
  styleUrls: ['./app.component.css']
})
export class AppComponent implements OnInit {
  title = 'Stock Market App';

  ngOnInit(): void {
  }
}
```

如下修改 *src/app/app.component.html* 中相對應的模板：

```
<h1>
  {{title}}
</h1>
<app-stock-list></app-stock-list>
<app-create-stock></app-create-stock>
```

接下來看看如何建構非常簡單的 StockService。我們可以使用 Angular 的 CLI 產生服務的骨架：

```
ng g service services/stock
```

它會產生兩個檔案，骨架 *stock-service.ts* 與 *stock-service.spec.ts* 假測試。第 10 章討論服務的單元測試時會討論後者。*src/app/service/stock.service.ts* 應該如下：

```typescript
import { Injectable } from '@angular/core';

@Injectable()
export class StockService {

  constructor() { }

}
```

此骨架只是類別的空殼，有個 Injectable 修飾詞。此 Injectable 修飾詞目前沒有值，但建議使用服務時要加上，它會提示 Angular 相依注入系統此服務可能有其他相依檔案。加上 Injectable 修飾詞後 Angular 會處理服務的注入。

我們現在不碰此修飾詞，但下一章會需要它。

接下來，讓我們看看 StockService 提供的資料。這是服務最關鍵的部分。元件會向服務要資料（或一段資料）。由服務決定如何取得資料，無論是透過 HTTP 呼叫網路服務、本地儲存體或快取、或回傳假資料。後續若要改變來源，我們可以修改這裡而無需更動元件，只要 API 格式還相同即可。

讓我們定義 StockService 回傳假資料。如下修改 *src/app/services/stock.service.ts* 檔案：

```typescript
import { Injectable } from '@angular/core';
import { Stock } from 'app/model/stock';

@Injectable()
export class StockService {

  private stocks: Stock[];
  constructor() {
    this.stocks = [
      new Stock('Test Stock Company', 'TSC', 85, 80, 'NASDAQ'),
      new Stock('Second Stock Company', 'SSC', 10, 20, 'NSE'),
      new Stock('Last Stock Company', 'LSC', 876, 765, 'NYSE')
    ];
  }

  getStocks() : Stock[] {
    return this.stocks;
  }
```

```
createStock(stock: Stock) {
  let foundStock = this.stocks.find(each => each.code === stock.code);
  if (foundStock) {
    return false;
  }
  this.stocks.push(stock);
  return true;
}

toggleFavorite(stock: Stock) {
  let foundStock = this.stocks.find(each => each.code === stock.code);
  foundStock.favorite = !foundStock.favorite;
}
}
```

雖然看起來加入很多程式碼，其實跟 Angular 沒有關係。大部分程式是 StockService 的商業邏輯。讓我們看看此服務提供的功能：

- 我們在 StockService 的建構元中初始化假股票清單，以一些假資料作為 UI 繪製時的初始狀態。

- 我們定義了 getStocks() 方法回傳目前的股票清單。

- createStock 方法不只將股票加入股票清單，它先檢查股票是否存在（使用股票的 code 檢查是否重複），若有重複則直接離開。若無重複則將傳入的股票加入股票清單。

- toggleFavorite 找出陣列中傳入的股票並切換 favorite 的狀態。

定義了服務後，讓我們看看如何在元件中使用。將它注入元件前，我們必須定義服務如何提供與在什麼層級。我們可以在 StockListComponent 層級、AppComponent 層級、或 AppModule 層級定義。稍後會說明，但現在讓我們在模組層級定義。

修改 *src/app/app.module.ts* 檔案以如下定義：

```
/** 匯入相同，省略 **/
import { StockService } from 'app/services/stock.service';

@NgModule({
  declarations: [
    AppComponent,
    StockItemComponent,
    CreateStockComponent,
    StockListComponent
```

```
  ],
  imports: [
    BrowserModule,
    FormsModule,
    HttpModule
  ],
  providers: [
    StockService                        ❶
  ],
  bootstrap: [AppComponent]
})
export class AppModule { }
```

❶   登記 StockService

我們稍微修改了 AppModule 的 NgModule。我們登記 providers 陣列，而 StockService 是目前唯一的服務。providers 陣列告訴 Angular 建構服務的單一實例，並提供給任何類別或元件。登記在模組層級表示模組中的任何元件，都會取得同一個注入的實例。

 我們可以略過手動步驟而使用 Angular 的 CLI 將服務加入模組。Angular 的 CLI 不知道服務要在什麼層級運作，因此它會略過登記服務。若要登記在應用程式模組層級，我們可以這麼執行：

     ng g service services/stock --module=app

它會產生服務並將它登記在 AppModule。

此時我們已經準備好使用此服務，因此我們會在 StockListComponent 中使用它。如下修改 *src/app/stock/stock-list/stock-list.component.ts* 檔案：

```
import { Component, OnInit } from '@angular/core';
import { StockService } from 'app/services/stock.service';
import { Stock } from 'app/model/stock';

@Component({
  selector: 'app-stock-list',
  templateUrl: './stock-list.component.html',
  styleUrls: ['./stock-list.component.css']
})
export class StockListComponent implements OnInit {

  public stocks: Stock[];
  constructor(private stockService: StockService) { }     ❶
```

```
  ngOnInit() {
    this.stocks = this.stockService.getStocks();          ❷
  }

  onToggleFavorite(stock: Stock) {
    console.log('Favorite for stock ', stock, ' was triggered');
    this.stockService.toggleFavorite(stock);              ❸
  }
}
```

❶   將 StockService 注入元件

❷   使用 StockService 取得股票清單

❸   使用 StockService 切換最愛狀態

這是我們的第一個注入與使用服務的範例,所以讓我們逐步檢視:

1. 我們在建構元將服務注入元件中。此例中,我們以 stockService 名稱宣告一個私用的 StockService 實例。名稱本身不重要;Angular 使用型別定義找出要注入的服務。我們也可以將服務的實例稱為 xyz(母湯啊!),它還是會正確的注入。

2. 我們透過實例呼叫服務的方法(例如 stockService.getStocks() 或 stockService.toggleFavorite())。我們初始化股票清單並將切換呼叫傳給服務。注意我們必須透過實例變數存取服務且不能直接存取(必須呼叫 this.stockService 而不是直接使用 stockService)。

雖然沒有修改相對應的模板,但下面還是將 StockListComponent 的模板列出來:

```
<app-stock-item *ngFor="let stock of stocks" [stock]="stock"
                (toggleFavorite)="onToggleFavorite($event)">
</app-stock-item>
```

 前面的範例使用 TypeScript 的一個功能來同時宣告參數於屬性。在建構元參數的前面加上 private 或 public 關鍵字,可讓它以同名作為類別的成員屬性。

如此我們就無需修改模板。此時執行應用程式應該會顯示三個股票。

讓我們繼續修改 CreateStockComponent 以完成服務整合。首先，我們在 CreateStock Component 模板上面加入 message，以顯示股票是否成功建構或有錯誤。如下修改 *src/app/ stock/create-stock/create-stock.component.html*：

```html
<h2>Create Stock Form</h2>

<div *ngIf="message">{{message}}</div>          ❶
<div class="form-group">
  <!-- 省略其他部分 -->
  <!-- 沒有修改 -->
</div>

<h4>Stock Name is {{stock | json}}</h4>
```

❶　若有訊息則顯示

凸顯的行是唯一修改的地方，只是加入顯示 message 類別的 div。

接下來修改 *src/app/stock/create-stock/create-stock.component.ts* 檔案中的元件，以整合 StockService：

```typescript
import { Component, OnInit } from '@angular/core';
import { Stock } from 'app/model/stock';
import { StockService } from 'app/services/stock.service';

@Component({
  selector: 'app-create-stock',
  templateUrl: './create-stock.component.html',
  styleUrls: ['./create-stock.component.css']
})
export class CreateStockComponent {

  public stock: Stock;
  public confirmed = false;
  public message = null;                          ❶
  public exchanges = ['NYSE', 'NASDAQ', 'OTHER'];
  constructor(private stockService: StockService) {   ❷
    this.stock =  new Stock('', '', 0, 0, 'NASDAQ');
  }

  setStockPrice(price) {
    this.stock.price = price;
    this.stock.previousPrice = price;
  }

  createStock(stockForm) {
```

```
    if (stockForm.valid) {
      let created = this.stockService.createStock(this.stock);    ❸
      if (created) {                        ❹
        this.message = 'Successfully created stock with stock code: '
            + this.stock.code;
        this.stock =  new Stock('', '', 0, 0, 'NASDAQ');
      } else {
        this.message = 'Stock with stock code: ' + this.stock.code
            + ' already exists';
      }
    } else {
      console.error('Stock form is in an invalid state');
    }
  }
}
```

❶ 　加入顯示訊息的 message 欄位

❷ 　對元件注入 StockService

❸ 　提交表單時呼叫 stockService.createStock

❹ 　處理建構股票時的成功或失敗

CreateStockComponent 稍作修改以整合 StockService：

- 建構 message 欄位以顯示股票建構成功或失敗的訊息。

- 注入 StockService 然後在使用者提交表單時呼叫它。

- 以 StockService.createStock() 的回傳值判斷要顯示的訊息。

我們可以順便刪除 *src/app/stock/create-stock/create-stock.component.css* 中，讓表單難以閱讀的 CSS 並清空檔案。

執行應用程式看起來還是一樣。差別是填寫股票表單並點擊 Create 應該會清除表單，並如圖 8-1 顯示剛才輸入的股票。

你可能會想："為什麼加入服務中的股票會神奇的出現在 StockListComponent 中？"。這是很好的問題，答案是 JavaScript！我們從 getStocks() 方法回傳股票陣列的參考，而 StockListComponent 指派成員變數給它。因此，服務自動的改變持有該陣列參考的元件。

Stock Market App

Test Stock Company (TSC) NASDAQ $ 85 [Add to Favorite]	Second Stock Company (SSC) NSE $ 10 [Add to Favorite]
Last Stock Company (LSC) NYSE $ 876 [Add to Favorite]	My New Stock (MNS) NASDAQ $ 244 [Add to Favorite]

Create Stock Form

Successfully created stock with stock code: MNS

[Stock Name]

Stock Name is Mandatory

[Stock Code]

Stock Code is Mandatory

[0]

[NASDAQ ◇]

☑ I confirm that the information provided above is accurate!

[Create]

Stock Name is { "name": "", "code": "", "price": 0, "previousPrice": 0, "exchange": "NASDAQ", "favorite": false }

Data has been confirmed: true

圖 8-1　Angular 的服務在元件間共享資料

這感覺上還是有點不對,且我們不想要依靠同一個參考來更新值,但我們稍後會修改。還有,因為我們在初始化服務時使用假資料,重新載入網頁就會失去新建構的股票。這是因為服務在重新載入網頁時又初始化,而我們沒有儲存資料。

總結目前已經完成的:

- 我們建構 StockListComponent 以顯示股票。

- 我們建構 StockService 作為所有元件的後台,提供取得與新建股票的 API。目前它只使用假資料。

- 我們稍微修改元件以整合服務。

我們處理了非常基本的 Angular 服務以展示什麼是 Angular 服務、如何建構、與如何在 Angular 應用程式中使用。

完成的程式可從 GitHub 的 *chapter8/simple-service* 目錄下載。

相依注入

深入服務與其他相關主題前,讓我們回顧相依注入,特別是在 Angular 下。

相依注入從靜態語言開始,在伺服器端程式設計中很常見。簡單來說,相依注入是任何類別或函式應該檢查其相依而非自行初始化。有其他東西(通常稱為注入程序)會負責找出需要什麼與如何初始化。

相依注入對應用程式有很大的好處,能讓我們建構模組,重複使用程式段並能容易的測試元件與模組。讓我們以一個範例展示相依注入如何讓程式更模組化、更容易修改、與測試:

```
class MyDummyService {

    getMyData() {
      let httpService = new HttpService();
      return httpService.get('my/api');
    }
}

class MyDIService {

    constructor(private httpService: HttpService) {}
```

```
    getMyData() {
      return this.httpService.get('my/api');
    }
  }
```

此範例中，`MyDummyService` 與 `MyDIService` 沒什麼不同，唯一差別是其中一個在使用 `HttpService` 前將它初始化，而另一個在建構元中檢查實例。但這改變很多事情：

- 讓執行服務需要什麼變得明顯而不是在執行時找尋。

- 範例將 `HttpService` 初始化很簡單，但有時候不是這樣。有些情況下，使用 `HttpService` 前必須知道如何建構與設定。

- 我們的測試可能不想要實際做 HTTP 呼叫。我們可以用不實際發出呼叫的假 `HttpService` 初始化 `MyDIService`，而 `MyDummyService` 不行。

相依注入有很多好處，Angular 官方文件有一篇好文章（*https://angular.io/guide/dependency-injection-pattern*）對此進行深度討論。

Angular 與相依注入

前一節討論了相依注入。這一節深入討論 Angular 如何設置相依注入系統，與開發者應該知道的事情。我們不會深入討論每個部分，只討論一般開發者會遇到的部分。

我們在第一個服務中已經使用過 Angular 的相依注入。簡單的檢查很容易會被視為簡單的鍵值儲存體，能夠讓元件或類別在初始化時檢查鍵。實際上它較簡單的鍵值儲存體更為複雜。我們會在第 10 章討論如何在單元測試中使用此相依注入系統。

每個服務必須在注入程序中登記為 provider，然後其他類別可檢查此服務而由注入程序負責提供。但如前述，Angular 不只有一個注入程序 —— 實際上有整個階層的注入程序。

在應用程式層級，Angular 有根模組與根注入程序。建構服務並登記在 `NgModule` 中的 `providers` 會讓服務登記在根注入程序中。這表示服務在整個應用程式中是單一實例的，且應用程式中檢查此服務的類別與元件會取得同一個實例。

讓我們修改範例使相依注入系統明顯以認識 Angular 的階層相依注入系統。我們使用前面的範例，可從 *chapter8/simple-service* 下載。

討論程式前，讓我們先討論要做什麼。我們會：

- 加入 MessageService 服務。它在 UI 顯示訊息並作為跨服務溝通機制。

- 在 CreateStockComponent 與 AppComponent 中引入並使用 MessageService。

首先，讓我們建構 MessageService。這一次使用 Angular 的 CLI 建構，包括在 AppModule 中登記。執行：

```
ng g service services/message --module=app
```

 不要漏掉命令的 --module=app 參數。如果漏掉，開啟 *app.module.ts* 檔案並手動將 MessageService 加入 NgModule 的 providers。

它會在 *services* 目錄建構 MessageService 的骨架，並登記在 AppModule 的 providers。讓我們如下修改 *src/app/services/message.service.ts* 檔案：

```
import { Injectable } from '@angular/core';

@Injectable()
export class MessageService {

  public message: string = null;

  constructor() { }
}
```

MessageService 只是 message 字串的容器。它是公開的，因此任何類別或元件都可以存取或修改。

接下來修改 AppComponent 以使用此服務，並在 UI 顯示 message。如下修改 *src/app/app.component.ts* 檔案：

```
import { Component, OnInit } from '@angular/core';
import { MessageService } from 'app/services/message.service';

@Component({
  selector: 'app-root',
  templateUrl: './app.component.html',
  styleUrls: ['./app.component.css']
})
```

```
export class AppComponent implements OnInit {
  title = 'app works!';

  constructor(public messageService: MessageService) {}

  ngOnInit(): void {
    this.messageService.message = 'Hello Message Service!';
  }
}
```

我們將 MessageService 注入 AppComponent，並於初始化設定一些預設值。注意我們將 messageService 設定為 public，因此可以從模板使用。接下來看看 *src/app/app.component. html* 中的模板：

```
<h1>
  {{title}}
</h1>
<h3>App level: {{messageService.message}}</h3>
<app-stock-list></app-stock-list>
<app-create-stock></app-create-stock>
```

我們加入一行，以 h3 元素顯示注入 AppComponent 的 MessageService 的 message 變數的目前值。

接下來修改 CreateStockComponent 以使用服務。如下修改 *src/app/stock/create-stock/create-stock.component.ts* 檔案：

```
import { Component, OnInit } from '@angular/core';
import { Stock } from 'app/model/stock';
import { StockService } from 'app/services/stock.service';
import { MessageService } from 'app/services/message.service';

@Component({
  selector: 'app-create-stock',
  templateUrl: './create-stock.component.html',
  styleUrls: ['./create-stock.component.css'],
  providers: [MessageService]
})
export class CreateStockComponent {

  public stock: Stock;
  public confirmed = false;
  public exchanges = ['NYSE', 'NASDAQ', 'OTHER'];
```

```
constructor(private stockService: StockService,
            public messageService: MessageService) {   ❶
  this.stock =  new Stock('', '', 0, 0, 'NASDAQ');
}

setStockPrice(price) {
  this.stock.price = price;
  this.stock.previousPrice = price;
}

createStock(stockForm) {
  if (stockForm.valid) {
    let created = this.stockService.createStock(this.stock);
    if (created) {                              ❷
      this.messageService.message =
          'Successfully created stock with stock code: ' +
          this.stock.code;
      this.stock =  new Stock('', '', 0, 0, 'NASDAQ');
    } else {
      this.messageService.message = 'Stock with stock code: ' +
          this.stock.code + ' already exists';
    }
  } else {
    console.error('Stock form is in an invalid state');
  }
}
}
```

❶ 將 MessageService 注入建構元

❷ 兩種建構狀況均使用 MessageService

大部分程式碼不變。我們只是將服務注入類別，然後以它取代 console.log。我們在股票成功建構或有錯誤時設定 MessageService 的 message 變數。

最後，我們使用元件的模板中的 MessageService 顯示相同訊息。如下修改 *src/app/stock/create-stock/create-stock.component.html*：

```
<h2>Create Stock Form</h2>

<div>{{messageService.message}}</div>
<div class="form-group">
  <form (ngSubmit)="createStock(stockForm)" #stockForm="ngForm">
    <div class="stock-name">
```

```
        <input type="text"
               placeholder="Stock Name"
               required
               name="stockName"
               #stockName="ngModel"
               [(ngModel)]="stock.name">
    </div>

<!-- 其他程式相同，省略 -->
```

我們省略大部分檔案，因為只有加入第三行，以於 UI 顯示 messageService.message 的目前值。

執行應用程式應該會看到新增兩行。一個是 AppComponent 的一部分，另一個是 CreateStockComponent 的一部分，兩者都顯示訊息的初始值。填寫表單並建構股票，你會發現訊息同時改變。因此我們確定只有一個 MessageService 實例且被元件共用。

接下來如下修改 CreateStockComponent：

```
import { Component, OnInit } from '@angular/core';
import { Stock } from 'app/model/stock';
import { StockService } from 'app/services/stock.service';
import { MessageService } from 'app/services/message.service';

@Component({
  selector: 'app-create-stock',
  templateUrl: './create-stock.component.html',
  styleUrls: ['./create-stock.component.css'],
  providers: [MessageService]           ❶
})
export class CreateStockComponent {

  public stock: Stock;
  public confirmed = false;
  public exchanges = ['NYSE', 'NASDAQ', 'OTHER'];
  constructor(private stockService: StockService,
              public messageService: MessageService) {
    this.stock =  new Stock('', '', 0, 0, 'NASDAQ');
    this.messageService.message = 'Component Level: Hello Message Service';   ❷

  }
```

```
setStockPrice(price) {
  this.stock.price = price;
  this.stock.previousPrice = price;
}

createStock(stockForm) {
  /* 其他程式相同 */
  /* 省略 */
}
}
```

❶ 在 providers 中宣告 MessageService

❷ 在元件中加入 MessageService 的初始值

我們修改 CreateStockComponent 類別的 @Component 修飾詞，加入 providers 宣告並在元件層級加入 MessageService。我們還在建構元加入 MessageService 的初始值。我們不會做其他改變。我們也沒動主模組的 providers 的 MessageService 宣告。

討論結果前，執行應用程式並自己看一下。執行並注意下列事項：

1. 注意 AppComponent 的訊息，它是我們設定的預設值。

2. 注意 CreateStockComponent 的訊息，它的值是我們在元件的建構元中設定的 "Component Level: Hello Message Service"。

3. 接下來填寫表單並建構股票。

4. 注意只有 CreateStockComponent 更新訊息，AppComponent 的訊息未改變。

你應該會看到如圖 8-2 所示的畫面。

Stock Market App

App level: Hello Message Service!

Test Stock Company (TSC) NASDAQ $ 85 [Add to Favorite]
Second Stock Company (SSC) NSE $ 10 [Add to Favorite]
Last Stock Company (LSC) NYSE $ 876 [Add to Favorite]
Test (TSS) NASDAQ $ 44 [Add to Favorite]

Create Stock Form

Successfully created stock with stock code: TSS

Stock Name

Stock Name is Mandatory

Stock Code

Stock Code is Mandatory

0

NASDAQ ⌄

☑ I confirm that the information provided above is accurate!

[Create]

Stock Name is { "name": "", "code": "", "price": 0, "previousPrice": 0, "exchange": "NASDAQ", "favorite": false }

Data has been confirmed: true

圖 8-2　在元件層級定義服務的 Angular 應用程式

這是 Angular 的階層相依注入的運作方式。如前述，Angular 支援多個相依注入程序。AppModule 層級有個根注入程序，大部分服務會登記在此處供使用。它讓實例在整個應用程式中都能夠存取，一開始是這樣。

然後將 providers 加入 CreateStockComponent 層級，以讓注入程序在元件層級運作。Angular 會根據需求與宣告逐層次建立注入程序鏈。所有子元件會繼承該注入程序，它的優先高於根注入程序。在 CreateStockComponent 層級登記 MessageService 時，它會在該層級以自己的 MessageService 實例建構子注入程序。我們在 CreateStockComponent 注入的是此新實例，與根層級的 MessageService 無關。因此兩個 MessageService 實例無關。

如同 Angular 應用程式是個元件樹，注入程序也有平行的樹。大部分元件的注入程序只是父注入程序的參考或代理。但有時候不是。

元件要求相依性時，Angular 會檢查樹中最近的注入程序是否可滿足。若可以（例如 CreateStockComponent），它會提供它。若不行，它會檢查父注入程序直到根注入程序。

什麼時候可用？通常不重要且你只會在根層級登記你的服務。但有時候你會想要使用 Angular 注入程序的這個功能，例如：

- 你想要限制服務給特定元件與模組，以確保修改服務不會影響整個應用程式。

- 你想要不同的元件使用不同的服務。這在覆寫或使用不同服務實例時很常見。

- 你想要以特定實作覆寫特定服務。或許想要在特定部分有個相對於一般實作的快取服務。

更多服務實例與細節見 Angular 官方文件（*https://angular.io/guide/dependency-injection#providers*）。

完成版本的程式可從 GitHub 的 *chapter8/di-example* 目錄下載。

RxJS 與可觀察：非同步操作

最後是服務的非同步程式。前面範例中的服務回傳的資料是寫死的假資料。我們直接回傳且立即顯示。但真正的應用程式不是這樣，通常都是從伺服器取得。

處理伺服器回傳的資料與前面的做法不同。我們會對伺服器發出股票清單請求，然後等到伺服器完成請求的處理後收到股票清單。因此股票不是立即取得的，而是稍後非同步取得。

在 AngularJS 中，我們使用 promise 處理這種狀況。promise 處理非同步行為較傳統的 callback 好，理由很多（*https://developer.mozilla.org/en-US/docs/Web/JavaScript/Guide/Using_promises*）。也就是說，Angular 嘗試以可觀察排除一些缺點。

可觀察是個 ReactiveX（*http://reactivex.io/intro.html*）概念，能讓我們處理資料串流。任何相關部分可作為此串流的可觀察，並執行串流發出的事件的操作與轉換。

可觀察與 promise 主要的差別是：

- promise 操作單一非同步事件，可觀察處理串流的零或多個非同步事件。

- 與 promise 不同，可觀察可取消。也就是說，promise 最終會呼叫成功或失敗處理程序，而我們可以取消訂閱並不處理資料。

- 可觀察可組成轉換鏈。它內建的操作能進行一些組合，而重新嘗試與重新執行等操作可處理常見的狀況。以上都能重複使用訂閱程式碼。

也就是說，promise 適合單一事件，是使用 Angular 的一個選項。可觀察可轉換成 promise 然後在 Angular 中處理。但建議使用可觀察，因為 Angular 提供許多內建的 RxJS 支援。

學習 *RxJS* 與可觀察

我們稍微討論了可觀察與 RxJS，但本書主題並非是學習 RxJS 與反應式程式設計。市面上有很多教學與書，可從 ReactiveX 的官方文件開始（*http://reactivex.io/intro.html*）。

接下來修改範例以使用可觀察。程式可以從 *chapter8/simple-service* 下載。

首先，我們修改 StockService 以回傳非同步可觀察，以供整合伺服器時使用。然後修改元件以訂閱這些可觀察，並處理成功或失敗狀況。

如下修改 *src/app/services/stock.service.ts* 檔案：

```typescript
import { Injectable } from '@angular/core';

import { Observable } from 'rxjs/Observable';                              ❶
import { _throw as ObservableThrow } from 'rxjs/observable/throw';    ❷
import { of as ObservableOf } from 'rxjs/observable/of';
import { Stock } from 'app/model/stock';

@Injectable()
export class StockService {

  private stocks: Stock[];
  constructor() {
    this.stocks = [
      new Stock('Test Stock Company', 'TSC', 85, 80, 'NASDAQ'),
      new Stock('Second Stock Company', 'SSC', 10, 20, 'NSE'),
      new Stock('Last Stock Company', 'LSC', 876, 765, 'NYSE')
    ];
  }

  getStocks() : Observable<Stock[]> {                          ❸
    return ObservableOf(this.stocks);                          ❹
  }

  createStock(stock: Stock): Observable<any> {
    let foundStock = this.stocks.find(each => each.code === stock.code);
    if (foundStock) {
      return ObservableThrow({msg: 'Stock with code ' +        ❺
          stock.code + ' already exists'});
    }
    this.stocks.push(stock);
    return ObservableOf({msg: 'Stock with code ' + stock.code +
        ' successfully created'});;
  }

  toggleFavorite(stock: Stock): Observable<Stock> {
    let foundStock = this.stocks.find(each => each.code === stock.code);
    foundStock.favorite = !foundStock.favorite;
    return ObservableOf(foundStock);
  }
}
```

❶ 匯入 Observable

❷ 從 Observable API 匯入核心方法，例如 throw 與 of

❸ 　將 getStocks 回傳型別改為可觀察

❹ 　以假資料回傳可觀察

❺ 　向觀察者拋出例外

我們對 StockService 進行全面檢查，讓我們逐一介紹主要的變化，以便我們了解發生了哪些變化，更重要的是，為什麼：

- 首先是從 RxJS 函式庫匯入 Observable。注意我們分別從檔案匯入運算子與類別，而非匯入整個 RxJS 函式庫。

- 然後匯入計劃要使用的運算子以確保可在應用程式中使用。此例中，我們計劃使用 Observable 類別的 throw 運算子。

- 然後將服務的每個方法的回傳型別改為可觀察而非同步值。如此可確保服務介面的一致。修改後，我們可以改變底層的實作（例如從假資料變成呼叫伺服器），而無需改變每個元件。

- 目前將回傳值以 Observable.of 運算子轉換成可觀察。of 取用一個值並回傳僅觸發一次的該型別的可觀察。

- 修改 createStock 方法以在股票已經存在時拋出例外。

相較於從 RxJS 匯入每個類別與運算子，我們也可以匯入整個 RxJS 函式庫並存取類別與運算子：

```
import { Rx } from 'rxjs/Rx';
```

然後我們可存取 Rx.Observable。但這樣是有缺點的，也就是 Angular 無法將建置最佳化，因為無法在編譯時知道用到 RxJS 哪個部分。RxJS 函式庫很大，而大部分應用程式只使用一部分。

因此我通常建議個別匯入。

接下來修改元件以整合服務中新的非同步 API。首先修改 StockListComponent，以從可觀察而非陣列讀取股票清單。如下修改 *src/app/stock/stock-list/stock-list.component.ts* 檔案：

```
/** 省略匯入 **/
export class StockListComponent implements OnInit {

  public stocks: Stock[];
  constructor(private stockService: StockService) { }
```

```
ngOnInit() {
  this.stockService.getStocks()
      .subscribe(stocks => {
        this.stocks = stocks;
  });
}

onToggleFavorite(stock: Stock) {
  this.stockService.toggleFavorite(stock);
}
}
```

我們對元件的 ngOnInit 作了一個小修改。相較於直接指派 stockService.getStocks() 的回傳值為 stocks 陣列，我們現在訂閱它回傳的可觀察。此可觀察以本地股票陣列觸發一次。對 onToggleFavorite 沒有任何改變，但我們也應該訂閱它返回的可觀察以便正確處理。

如下修改 *src/app/stock/create-stock/create-stock.component.ts* 檔案中的 CreateStockComponent：

```
/** 省略 **/
export class CreateStockComponent {

  /** 沒修改，省略 **/

  createStock(stockForm) {
    if (stockForm.valid) {
      this.stockService.createStock(this.stock)
          .subscribe((result: any) => {        ❶
            this.message = result.msg;
            this.stock =  new Stock('', '', 0, 0, 'NASDAQ');
          }, (err) => {
            this.message = err.msg;
          });
    } else {
      console.error('Stock form is in an invalid state');
    }
  }
}
```

❶   訂閱可觀察

同樣的，大部分修改專注於 createStock 方法。相較於觸發 stockService.createStock() 後立即處理所有工作，我們訂閱可觀察。前例中，我們只處理成功狀況，但 subscribe 方法可用兩個函式作為參數。第一個參數在成功時呼叫，第二個參數是錯誤處理程序。

兩者都回傳具有 msg 鍵的物件，因此我們根據它處理並以回傳值更新 message。

接下來我們可以執行應用程式來檢視它的運作。執行應用程式應該不會看到任何功能差異，但所有股票應該可見且你應該能夠新增股票。

讓我們修改程式以讓它更簡單與更容易閱讀。大部分情況下我們只想要呼叫伺服器，並在 UI 顯示回傳值。我們無需處理資料、轉換、或做其他事。在這種情況下，Angular 提供我們可以使用的捷徑。

先修改 *src/app/stock/stock-list/stock-list.component.ts* 檔案：

```
/** 省略匯入 **/
export class StockListComponent implements OnInit {

  public stocks$: Observable<Stock[]>;          ❶
  constructor(private stockService: StockService) { }

  ngOnInit() {
    this.stocks$ = this.stockService.getStocks();     ❷
  }

  onToggleFavorite(stock: Stock) {
    this.stockService.toggleFavorite(stock);
  }
}
```

❶　將可觀察儲存為成員變數

❷　呼叫並儲存可觀察

我們對 StockListComponent 類別做兩處修改：

- 相較於以 stocks 陣列作為成員變數，我們以 Observable<Stock[]> 作為成員。也就是說，我們儲存 API 回傳的可觀察而不是它底下的回傳值。

- 我們在 ngOnInit 儲存 stockService.getStocks() 回傳的可觀察。

在這種情況下，我們要如何在模板中顯示股票陣列？如何處理非同步行為？讓我們看一下如何在模板中處理：

```
<app-stock-item *ngFor="let stock of stocks$ | async"
                [stock]="stock"
                (toggleFavorite)="onToggleFavorite($event)">
</app-stock-item>
```

我們做了一點修改，在 ngFor 運算式中使用 Pipe。Angular 提供稱為 async 的管道，它能讓我們連結 Observable。然後 Angular 負責等待可觀察發出的事件並直接顯示結果。它讓我們省下手動訂閱可觀察的步驟。

同樣的，這只對直接顯示 API 回傳資料的狀況有用。但它省下幾行程式，由框架處理大部分工作。執行應用程式以確定可行，你應該會看到同樣的應用程式正常執行。

完成的程式可從 GitHub 的 *chapter8/observables* 下載。

總結

我們深入討論了 Angular 的服務。我們討論 Angular 服務是什麼與一些常見的使用方式：

- 將擷取資料抽象化
- 封裝應用程式共用邏輯
- 跨元件共用資料

我們還討論了 Angular 的相依注入系統與階層相依注入的運作。我們討論了 Observable 如何運作與如何在應用程式中整合可觀察。

下一章討論如何發出 HTTP 呼叫並處理回應。我們還會討論操作伺服器的常見案例，與如何建構解決方案。

練習

以第 6 章的練習（可從 *chapter6/exercise/ecommerce* 下載）執行下列項目：

1. 建構支援 ProductListComponent 與 CreateProductComponent 的 ProductService 服務。

2. 將元件邏輯移至服務。正確的在模組層級登記服務（使用 CLI 或手動）。

3. 以可觀察從頭開始並讓所有元件處理非同步 API。

4. 盡量使用 async 管道取代手動訂閱結果。

這些要求能以這一章討論過的概念解決。完成方案見 *chapter8/exercise/ecommerce*。

第九章

從 Angular 發出 HTTP 呼叫

前一章討論過 Angular 服務。我們討論過 Angular 服務是什麼與何時使用。然後我們討論建構 Angular 服務與在應用程式使用它們，然後討論以可觀察處理 Angular 的非同步行為。

這一章繼續使用 Angular 內建的模組與服務，對伺服器發出並解析 HTTP 呼叫。我們會使用它來探索常見案例、API 選項、與如何在應用程式中運用可觀察。

HttpClient

這一節使用 Angular 的 HttpClient 對伺服器發出 GET 與 POST 呼叫。我們會透過它檢視如何設置應用程式發出呼叫、討論發出呼叫的步驟與處理回應，然後討論 API 格式與各種選項。

我們不會花時間建構伺服器而是使用預先建構的伺服器。它是個 Node.js 伺服器，若想要研究可從程式庫下載，但它不是本書討論內容。

> *HttpClient 與 Http*
>
> 如果你遇到過一些較舊的教程和示例，可能會遇到一種稍微不同的 HTTP 呼叫方式，直接從 *@angular/http* 匯入然後呼叫。在 Angular 版本 4.3 中引入 HttpClient 之前，這是在 Angular 中使用 HTTP 的舊方法。在 Angular 的第 5 版中，舊的 http 服務被棄用並改為 HttpClient，因此只需在應用程式中使用本章描述的方法。

我們會繼續建構應用程式,並嘗試與真正的伺服器溝通而非使用假資料。特別是這一節會轉換三個服務呼叫(取得股票清單、建構股票、切換最愛狀態),為使用 HTTP 的 GET/POST 的伺服器呼叫。最後我們應該不會在用戶端操作假資料。

伺服器設置

如前述使用已經開發好的伺服器,可從程式庫的 *chapter9/server* 目錄取得。開始網頁開發前,讓我們啟動與執行伺服器。

檢 視 GitHub 的 *chapter9/server* 目 錄(*https://github.com/shyamseshadri/angular-up-and-running*)。在終端機中從此目錄執行下列命令:

```
npm i
node index.js
```

它會安裝 Node.js 伺服器必要的相依檔案,然後在埠 3000 啟動伺服器。讓伺服器繼續在背景執行;不要殺它。我們的應用程式會從這個伺服器存取股票。

注意這是非常簡單的伺服器,使用記憶體儲存資料。你儲存的資料會在重新啟動伺服器時重置。

使用 HttpClientModule

範例程式可從 GitHub 下的 *chapter8/observables* 目錄取得。

接下來逐步討論網頁應用程式如何改為從伺服器存取資料。我們還會看到轉換有多麼簡單,因為我們已經使用可觀察。

第一件事是在 AppModule 加入 HttpClientModule。如下修改 *src/app/app.module.ts* 檔案:

```
import { BrowserModule } from '@angular/platform-browser';
import { NgModule } from '@angular/core';
import { FormsModule } from '@angular/forms';
import { HttpClientModule } from '@angular/common/http';        ❶

import { AppComponent } from './app.component';
import { StockItemComponent } from './stock/stock-item/stock-item.component';
import { CreateStockComponent } from './stock/create-stock/create-stock.component';
import { StockListComponent }
    from './stock/stock-list/stock-list.component';
```

```
import { StockService } from 'app/services/stock.service';

@NgModule({
  declarations: [
    AppComponent,
    StockItemComponent,
    CreateStockComponent,
    StockListComponent
  ],
  imports: [
    BrowserModule,
    FormsModule,
    HttpClientModule                                    ❷
  ],
  providers: [
    StockService,
  ],
  bootstrap: [AppComponent]
})
export class AppModule { }
```

❶   匯入 HttpClientModule 而非 HttpModule

❷   將 HttpClientModule 加入 imports 陣列

發出 HTTP 的 GET/POST 呼叫

接下來我們修改 StockService 的實作以確實發出 HTTP 服務呼叫,而非回傳假資料的可觀察。我們讓 HttpClient 服務注入建構元(感謝 Angular 的相依注入!),然後使用它發出呼叫。如下修改 *src/app/services/stock.service.ts* 檔案:

```
import { Injectable } from '@angular/core';
import { HttpClient } from '@angular/common/http';

import { Observable } from 'rxjs/Observable';

import { Stock } from 'app/model/stock';

@Injectable()
export class StockService {

  constructor(private http: HttpClient) {}

  getStocks() : Observable<Stock[]> {
    return this.http.get<Stock[]>('/api/stock');
```

```
  }

  createStock(stock: Stock): Observable<any> {
    return this.http.post('/api/stock', stock);
  }

  toggleFavorite(stock: Stock): Observable<Stock> {
    return this.http.patch<Stock>('/api/stock/' + stock.code,
      {
        favorite: !stock.favorite
      });
  }
}
```

我們的伺服器顯露三個 API：

- */api/stock* 的 GET 可取得股票清單

- */api/stock* 的 POST 加上內容中的新股票，可在伺服器建構股票

- */api/stock/:code* 的 PATCH 加上 URL 中的股票代號與請求內容中的最愛狀態，可改變特定股票的最愛狀態

StockService 反映此 API，三個方法各發出相對應的呼叫。HttpClient 的 API 直接反映 HTTP 方法，我們可以直接呼叫 httpClient.get、httpClient.post、httpClient.patch。它們以 URL 作為第一個參數，以請求內容作為第二個參數（若方法有支持）。

注意 HttpClient 可保證程式的型別。我們會在 getStocks() 與 toggleFavorite() 方法使用此功能。

它的一個效應是我們必須將 *stock.ts* 從 TypeScript 類別改為 TypeScript 介面。為什麼？雖然我們不必這麼做，Angular 會將回應內容做型別轉換成我們定義的型別。但 TypeScript（與底下的 ECMAScript）沒有簡單的方法轉換簡單的 JavaScript 物件成 JavaScript/TypeScript 類別物件。這表示雖然 StockService 的回應會具有 Stock 類別的全部屬性，但它沒有函式（特別是 isPositiveChange()）。

我們可以撰寫轉換程序，但只有特定狀況才合適。使用 TypeScript 的型別安全並以其他方式封裝（元件層級或 Angular 服務）比較簡單。

因此，讓我們如下修改 *src/app/model/stock.ts* 以將 Stock 類別改為介面：

```
export interface Stock {
  name: string;
  code: string;
  price: number;
  previousPrice: number;
  exchange: string;
  favorite: boolean;
}
```

我們將它轉換成介面並定義所有屬性。不再有建構元，不再有內建函式。基本工作完成後，讓我們修改元件以正確使用服務。我們先從最少修改的 StockListComponent 開始。我們只需將最愛狀態切換的功能從此元件移除，讓個別股票元件來處理。如下修改 *src/app/stock/stock-list/stock-list.component.ts*：

```
import { Component, OnInit } from '@angular/core';
import { StockService } from 'app/services/stock.service';
import { Stock } from 'app/model/stock';
import { Observable } from 'rxjs/Observable';

@Component({
  selector: 'app-stock-list',
  templateUrl: './stock-list.component.html',
  styleUrls: ['./stock-list.component.css']
})
export class StockListComponent implements OnInit {

  public stocks$: Observable<Stock[]>;
  constructor(private stockService: StockService) { }

  ngOnInit() {
    this.stocks$ = this.stockService.getStocks();
  }
}
```

修改使 StockListComponent 簡化。我們還稍微改了模板，移除 toggleFavorite 事件連結。如下修改 *src/app/stock/stock-list/stock-list.component.html*：

```
<app-stock-item *ngFor="let stock of stocks$ | async"
                [stock]="stock">
</app-stock-item>
```

接下來處理 StockItemComponent。我們將 toggleFavorite 的邏輯移到這裡,並讓個別股票直接透過 StockService.toggleFavorite 呼叫伺服器與處理回應。我們會刪除 EventEmitter。修改後的 *src/app/stock/stock-item/stock-item.component.ts* 檔案如下:

```typescript
import { Component, OnInit, Input } from '@angular/core';

import { Stock } from '../../model/stock';
import { StockService } from 'app/services/stock.service';

@Component({
  selector: 'app-stock-item',
  templateUrl: './stock-item.component.html',
  styleUrls: ['./stock-item.component.css']
})
export class StockItemComponent {

  @Input() public stock: Stock;                    ❶

  constructor(private stockService: StockService) {}    ❷

  onToggleFavorite(event) {                         ❸
    this.stockService.toggleFavorite(this.stock)
      .subscribe((stock) => this.stock.favorite = !this.stock.favorite);
  }
}
```

❶　只有輸入,刪除輸出連結

❷　在建構元注入 StockService

❸　onToggleFavorite 改為呼叫服務

注意我們負責在成功切換最愛時,切換股票上的最愛狀態。沒有它,服務器上的狀態會改變,但不會更改瀏覽器的狀態。我們也可以透過保留 EventEmit ter 並要求 StockListComponent 每次都重新取得股票清單。開發應用程式時我們可以依需求選擇。有時我們需要伺服器上的最新資訊,有時可接受在本地處理改變。

StockItemComponent 的模板也有修改,因為我們不再存取股票上的 isPositiveChange() 函式。我們使用模板底層的屬性直接計算漲跌。修改後的 *src/app/stock/stock-item/stock-item.component.html* 如下:

```html
<div class="stock-container">
  <div class="name">{{stock.name + ' (' + stock.code + ')'}}</div>
  <div class="exchange">{{stock.exchange}}</div>
```

```
    <div class="price"
        [class.positive]="stock.price > stock.previousPrice"      ❶
        [class.negative]="stock.price <= stock.previousPrice">    ❷
        $ {{stock.price}}
    </div>
    <button (click)="onToggleFavorite($event)"
            *ngIf="!stock.favorite">Add to Favorite</button>
    <button (click)="onToggleFavorite($event)"
            *ngIf="stock.favorite">Remove from Favorite</button>
</div>
```

❶ 根據股價加入 positive 類別連結

❷ 根據股價加入 negative 類別連結

接下來處理 CreateStockComponent。我們只對應類別改介面，這表示 Stock 物件沒有建構元。我們重構類別以供重複使用。HttpClient 不需要修改，因為我們將邏輯抽出並使用可觀察。修改後的 *src/app/stock/create-stock/create-stock.component.ts* 檔案如下：

```
import { Component, OnInit } from '@angular/core';
import { Stock } from 'app/model/stock';
import { StockService } from 'app/services/stock.service';

@Component({
  selector: 'app-create-stock',
  templateUrl: './create-stock.component.html',
  styleUrls: ['./create-stock.component.css']
})
export class CreateStockComponent {

  public stock: Stock;
  public confirmed = false;
  public message = null;
  public exchanges = ['NYSE', 'NASDAQ', 'OTHER'];
  constructor(private stockService: StockService) {
    this.initializeStock();              ❶
  }

  initializeStock() {                    ❷
    this.stock = {
      name: '',
      code: '',
      price: 0,
      previousPrice: 0,
      exchange: 'NASDAQ',
      favorite: false
```

```
    };
  }

  setStockPrice(price) {
    this.stock.price = price;
    this.stock.previousPrice = price;
  }

  createStock(stockForm) {
    if (stockForm.valid) {
      this.stockService.createStock(this.stock)
        .subscribe((result: any) => {
          this.message = result.msg;
          this.initializeStock();        ❸
        }, (err) => {
          this.message = err.error.msg;
        });
    } else {
      console.error('Stock form is in an invalid state');
    }
  }
}
```

❶   呼叫 initializeStock 以建構股票實例

❷   定義 initializeStock 方法供重複使用

❸   成功建構股票後使用 initializeStock

我們抽出建構元與成功建構股票後呼叫的 initializeStock 函式。另一個修改是錯誤的處理。錯誤時 HttpResponse 的回應內容有個 error 鍵，因此我們從中擷取 msg 鍵。此類別並沒有其他地方需要修改。模板還是一樣。

我們接近可以執行應用程式，但最後還有一個地方要改。為了安全，瀏覽器不允許跨網域與來源呼叫。因此，雖然伺服器與 Angular 應用程式都在本機，但在不同埠執行，因此瀏覽器視它們為不同來源。要解決它，Angular 的 CLI 能讓我們設定代理，因此請求會送到伺服器然後轉到終點。

要這麼做，我們在 Angular 應用程式的主目錄建構 *proxy.conf.json* 檔案，內容如下：

```
{
  "/api": {
    "target": "http://localhost:3000",
    "secure": false
  }
}
```

我們要求 Angular 將 */api* 開頭的伺服器請求，轉到在本機埠 3000 執行的 Node.js 伺服器。技術上，檔名不限，但我們設定了特定樣式。此檔案支援其他組態，但本書不會討論。更多資訊見 Angular 的 CLI 官方文件（*https://github.com/angular/angular-cli/blob/master/docs/documentation/stories/proxy.md*）。

終於可以執行我們的應用程式。之前我們以 `ng serve` 執行應用程式，接下來要以下列命令執行：

```
ng serve --proxy-config proxy.conf.json
```

它會讓 Angular 執行應用程式，但使用代理組態。接下來瀏覽應用程式（*http://localhost:4200*），應該會看到來自伺服器的股票清單。注意新建股票會看到成功加入的訊息，但必須手動重新載入網頁才能看到 UI 更新。切換股票最愛狀態應該也沒問題，重新載入後也應該還在。此應用程式看起來應該跟前面一樣，因為我們沒有修改 UI。

完成的程式可從 GitHub 的 *chapter9/simple-http* 目錄下載。

進階 HTTP

前一節討論 Angular 的 `HttpClient` 與如何對伺服器發出 HTTP 的 GET 與 POST 呼叫，並處理回應。這一節會深入 HTTP 的 API 與 Angular 的 HTTP 模組的其他功能。

選項—標頭 / 參數

首先，讓我們深入 HTTP 的 API。之前，我們傳入 URL 與請求內容。HTTP 的 API 還能讓我們傳入 options 物件作為函式的第二個參數（或第三個，若是 POST 或 PATCH 等有請求內容的 API）。同樣的，讓我們修改現有應用程式以檢視這些選項，並加入一些常見需求。我們會使用前面的範例，可從 *chapter9/simple-http* 目錄下載。

首先,一個常見的任務是用 HTTP 的 API 發送查詢參數,或特定 HTTP 標頭。讓我們看一下如何使用 HttpClient 達成。如下修改 *src/app/services/stock.service.ts* 檔案:

```
import { Injectable } from '@angular/core';
import { HttpClient, HttpHeaders } from '@angular/common/http';

import { Observable } from 'rxjs/Observable';

import { Stock } from 'app/model/stock';

@Injectable()
export class StockService {

  constructor(private http: HttpClient) {}

  getStocks() : Observable<Stock[]> {
    return this.http.get<Stock[]>('/api/stock', {
      headers: new HttpHeaders()                          ❶
          .set('Authorization', 'MyAuthorizationHeaderValue')
          .set('X-EXAMPLE-HEADER', 'TestValue'),
      params: {                                           ❷
        q: 'test',
        test: 'value'
      }
    });
  }

  /** 下面沒有修改,省略 */
}
```

❶   對發出的呼叫加上 HTTP 標頭

❷   對發出的呼叫加上查詢參數 q 與 test

上面的程式做了兩處修改。我們在 http.get 呼叫加入第二個參數,它是選項物件。我們可以傳入特定鍵以設定 HTTP 請求。此程式中,我們加入兩個選項:

headers

　　我們可以設定發出 / 請求 HTTP 的標頭。有兩種方式設定標頭與參數。上面的程式用了其中一種,傳入 HttpHeaders 物件,它是型別類別實例,我們可以呼叫 set 來設定標頭。它依循一種建構模式,因此你可以鏈接多個標頭。另一種方式是傳入一般的 JavaScript 物件。當然,我們將值寫死,但你可以從變數或是其他服務存取(若需要取得 AuthService 等標頭)。

params

> 如同標頭，HTTP 的查詢參數也有兩種設定方式：使用有型別的內建 `HttpParams` 類別，或使用 JavaScript 物件。

接下來，執行此應用程式（要平行執行 Node.js 伺服器），開啟工具檢視發出的請求，你應該會看到如圖 9-1 所示的畫面。

圖 9-1　以 Angular 的 HTTP 請求發送查詢參數與標頭

完成的程式可從 *chapter9/http-api* 目錄下載。

選項一觀察 / 回應型別

接下來討論 HTTP 請求的另外兩個可用於各種狀況的選項。第一個是 `options` 參數的 `observe` 屬性。

observe 參數使用三個值的其中之一：

body

這是預設值，可確保可觀察的 subscribe 以回應的內容呼叫。內容自動轉換成呼叫 API 時指定的型別。我們目前使用它。

response

將 HTTP 的 API 的回應型別從回傳整個 HttpResponse 改為只有內容。回應還保存有型別的回應，因此還是可以從底下存取，但也可存取回應的標頭與狀態碼。注意你拿到的其實是 HttpResponse<T> 而非 HttpResponse，T 是內容的型別。因此 getStocks 回傳的是 HttpResponse<Stock[]> 的可觀察。

events

類似 response，但被所有 HttpEvents 觸發。它包括初始事件與請求完成事件。它們對應 XMLHttpRequest 狀態。這在有個 API 發送進度事件時更有用，因為我們可以在 observe 參數設定為 events 時捕捉與傾聽進度事件。

第二個參數是選項參數的 reponseType 屬性。它使用四個值的其中之一：

json

預設值。基本上確保回應內容被視為 JSON 物件來解析。大部分情況下，你無需更改預設值。

text

讓你將回應內容當做字串，完全不解析。在這種情況下，HTTP 請求的回應會是 Observable<string> 而非有型別的回應。

blob

它與下一個選項都在應用程式必須處理二進位回應時更有用。blob 讓你能以自訂的方式處理類似檔案帶有不可變資料的物件。

arrayBuffer

此選項讓你直接處理底下的原始二進位資料。

讓我們看一下實際運用。我們會修改 StockService 的模板以嘗試不同選項值。如下修改 *src/app/services/stock.service.ts* 檔案：

```
/** 匯入不變 */

@Injectable()
export class StockService {

  constructor(private http: HttpClient) {}

  getStocks() : Observable<Stock[]> {
    return this.http.get<Stock[]>('/api/stock', {
      headers: new HttpHeaders()
          .set('Authorization', 'MyAuthorizationHeaderValue')
          .set('X-EXAMPLE-HEADER', 'TestValue'),
      params: {
        q: 'test',
        test: 'value'
      },
      observe: 'body'                    ❶
    });
  }

  getStocksAsResponse(): Observable<HttpResponse<Stock[]>> {
    return this.http.get<Stock[]>('/api/stock', {
      observe: 'response'                ❷
    });
  }

  getStocksAsEvents(): Observable<HttpEvent<any>> {
    return this.http.get('/api/stock', {
      observe: 'events'                  ❸
    });
  }

  getStocksAsString(): Observable<string> {
    return this.http.get('/api/stock', {
      responseType: 'text'               ❹
    });
  }
}
```

```
getStocksAsBlob(): Observable<Blob> {
  return this.http.get('/api/stock', {
    responseType: 'blob'                    ❺
  });
}

/** 其餘程式不變，省略 */
}
```

❶ 只觀察回應內容

❷ 觀察整個回應

❸ 觀察所有事件

❹ 回應視為文字

❺ 回應視為 blob

我們在 StockService 加入四個新方法：

- getStocksAsResponse 發出相同的 HTTP 呼叫，但設定 observe 值為 response。這也改變函式的回傳為 Observable<HttpResponse<Stock[]>>。

- getStocksAsEvents 發出相同 HTTP 呼叫，但設定 observe 值為 events。這也改變函式的回傳為 Observable<HttpEvent<any>>。這是因為我們會收到多個 HttpEvent 實例，不只是回應，還有進度、初始化等等。因此回應的格式沒有定義。

- getStocksAsString 發出相同的 HTTP 呼叫，但設定 responseType 值為 text。我們也改變函式的回傳為 Observable<string>，且該字串是整個內容。

- getStocksAsBlob 發出相同的 HTTP 呼叫，但設定 responseType 值為 blob。我們也改變函式的回傳為 Observable<Blob>，以讓訂閱端在我們收到伺服器回應後處理此 blob。

接下來讓我們與元件結合以檢視呼叫不同 API 的效果。我們修改 StockListComponent 呼叫這些 API 以進行比較。如下修改 *src/app/stock/stock-list/stock-list.component.ts* 檔案：

```
import { Component, OnInit } from '@angular/core';
import { StockService } from 'app/services/stock.service';
import { Stock } from 'app/model/stock';
import { Observable } from 'rxjs/Observable';
```

```
@Component({
  selector: 'app-stock-list',
  templateUrl: './stock-list.component.html',
  styleUrls: ['./stock-list.component.css']
})
export class StockListComponent implements OnInit {

  public stocks$: Observable<Stock[]>;
  constructor(private stockService: StockService) { }

  ngOnInit() {
    this.stocks$ = this.stockService.getStocks();
    this.stockService.getStocksAsResponse()
        .subscribe((response) => {
          console.log('OBSERVE "response" RESPONSE is ', response);
        });

    this.stockService.getStocksAsEvents()
        .subscribe((response) => {
          console.log('OBSERVE "events" RESPONSE is ', response);
        });

    this.stockService.getStocksAsString()
        .subscribe((response) => {
          console.log('Response Type "text" RESPONSE is ', response);
        });

    this.stockService.getStocksAsBlob()
        .subscribe((response) => {
          console.log('Response Type "blob" RESPONSE is ', response);
        });
  }
}
```

StockListComponent 原來的呼叫不變，只是加上對這幾個函式的呼叫。每個呼叫都只是訂閱回應然後輸出（加上紀錄以區分）。接下來執行時要確保開啟瀏覽器的開發者工具以檢視紀錄輸出。你應該會看到如圖 9-2 所示的畫面。

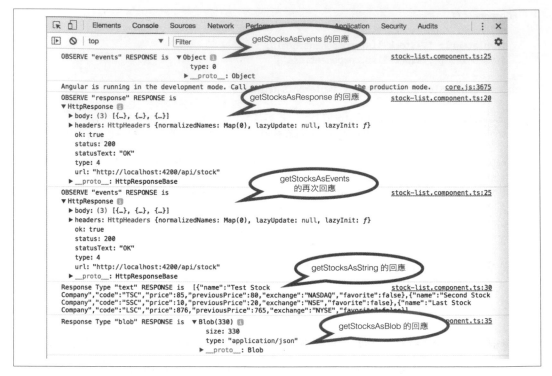

圖 9-2　Angular 中不同的回應型別

有幾件事值得注意：

- 我們的訂閱實際上呼叫 getStocksAsEvents() 兩次，一次是初始化 / 發出請求，第二次是實際載入回應資料。第二個事件是實際資料。若 API 支援進度，則訂閱會被進度事件呼叫。

- getStocksAsResponse() 類似原來的 getStocks()，但除內容外還有狀態、標頭等其他 HTTP 請求欄位。

- getStocksAsString() 類似原來的呼叫，但收到字串形式的 JSON 回應而非 JSON 型別。如前述，這對非 JSON 的 API 更有用。

- getStocksAsBlob() 回傳帶有資料的 blob。這在操作二進位資料時更有用。

在大多數情況下，你只需要觀察 body 和使用 json 回應型別的預設值。有 5% 的狀況需要其他選項存取其他東西。新的 HttpClient 給你操作 API 的彈性，且在大部分情況下容易使用。

完成的程式可從 GitHub 的 *chapter9/http-api* 目錄下載。

攔截程序

另一個常見的情境是與請求掛鉤以進行修改，或傾聽回應以進行記錄、處理認證失敗等。

Angular 能以 HttpClient 這個 API 定義在概念上介於 HttpClient 與伺服器間的攔截程序，以轉換發出的請求並在傳遞回應前傾聽與轉換。讓我們看看如何以 Angular 建構一個非常簡單的攔截程序，它可以：

- 若有認證憑證則對發出的請求加上一個標頭。

- 傳遞回應前加以記錄。

- 請求失敗（回應非 200 或 300）時另行記錄。

我們會建構另一個儲存與回傳認證憑證的服務以取得認證憑證。我們使用前一節的程式，它可從 *chapter9/simple-http* 目錄下載。注意我們沒有使用討論 HTTP 的 API 時加上的程式。

我們先加上簡單的服務來儲存認證相關資訊。我們從終端機執行下列命令：

```
ng generate service services/auth --module=app
```

它會建構 AuthService 並掛在 AppModule。我們會修改此服務以保存攔截程序使用的屬性。如下修改 *src/app/services/auth.service.ts*：

```
import { Injectable } from '@angular/core';

@Injectable()
export class AuthService {

  public authToken: string;

  constructor() { }
}
```

我們在 AuthService 加上 authToken 公開屬性。由於我們使用 Angular 的 CLI 產生服務，它會自動的加入 AppModule。否則我們必須自己動手。我們會在 StockService 呼叫回傳 403 的 API。如下修改 *src/app/services/stock.service.ts* 檔案：

```
import { Injectable } from '@angular/core';
import { HttpClient } from '@angular/common/http';

import { Observable } from 'rxjs/Observable';

import { Stock } from 'app/model/stock';

@Injectable()
export class StockService {

  constructor(private http: HttpClient) {}

  /** 其他呼叫不變，省略 */

  makeFailingCall() {
    return this.http.get('/api/fail');
  }
}
```

我們只在 StockService 加入 makeFailingCall()。其餘程式不變。然後我們修改 StockList Component 顯示幾個按鈕以使用 StockService 與 AuthService。如下修改 *src/app/stock/stock-list/stock-list.component.ts* 檔案：

```
import { Component, OnInit } from '@angular/core';
import { StockService } from 'app/services/stock.service';
import { Stock } from 'app/model/stock';
import { Observable } from 'rxjs/Observable';
import { AuthService } from 'app/services/auth.service';

@Component({
  selector: 'app-stock-list',
  templateUrl: './stock-list.component.html',
  styleUrls: ['./stock-list.component.css']
})
export class StockListComponent implements OnInit {

  public stocks$: Observable<Stock[]>;
  constructor(private stockService: StockService,
              private authService: AuthService) { }
```

```
ngOnInit() {
  this.fetchStocks();
}

fetchStocks() {
  this.stocks$ = this.stockService.getStocks();
}

setAuthToken() {
  this.authService.authToken = 'TESTING';
}

resetAuthToken() {
  this.authService.authToken = null;
}

makeFailingCall() {
  this.stockService.makeFailingCall().subscribe(
    (res) => console.log('Successfully made failing call', res),
    (err) => console.error('Error making failing call', err));
}
}
```

我們稍微修改初始化邏輯並在 StockListComponent 加入幾個新方法。首先，我們抽出 stock$ 這個 Observable 訂閱到 fetchStocks()，並在 ngOnInit 中呼叫它。接下來，我們加入 setAuthToken()、resetAuthToken()、makeFailingCall() 方法，它們基本上只是呼叫 AuthService 與 StockService。

接下來，我們在 StockListComponent 的模板連結新方法與按鈕。如下修改 *src/app/stock/ stock-list/stock-list.component.html*：

```
<app-stock-item *ngFor="let stock of stocks$ | async"
                [stock]="stock">
</app-stock-item>

<div>
  <button type="button"
          (click)="fetchStocks()">
    Refetch Stocks
  </button>
  <button type="button"
          (click)="makeFailingCall()">
```

```
     Make Failing Call
   </button>
   <button type="button"
           (click)="setAuthToken()">
     Set Auth Token
   </button>
   <button type="button"
           (click)="resetAuthToken()">
     Reset Auth Token
   </button>
 </div>
```

我們在模板中加入四個新按鈕，各呼叫一個新方法。

目前並沒有加入與攔截程序有關的東西，而只是設定應用程式以展示與攔截程序有關的各種東西，與如何在應用程式中使用。接下來建構攔截程序。不幸的是，Angular 的 CLI 還不能產生攔截程序的骨架，因此我們必須手動進行。以下面的內容建構 *src/app/services/stock-app.interceptor.ts* 檔案：

```
import {Injectable} from '@angular/core';
import {HttpEvent, HttpInterceptor, HttpResponse} from '@angular/common/http';
import {HttpHandler, HttpRequest, HttpErrorResponse} from '@angular/common/http'

import {Observable} from 'rxjs/Observable';

@Injectable()
export class StockAppInterceptor implements HttpInterceptor {      ❶

  constructor() {}

  intercept(req: HttpRequest<any>, next: HttpHandler):
      Observable<HttpEvent<any>> {      ❷
    console.log('Making a request to ', req.url);
    return next.handle(req);      ❸
  }
}
```

❶　實作 HttpInterceptor 介面

❷　實作 intercept 這個 API

❸　以請求呼叫 handle 以繼續鏈接

StockAppInterceptor 類別實作 Angular 的 HttpInterceptor 介面。我們在此類別實作 intercept 方法。intercept 方法有 HttpRequest 與 HttpHandler 兩個參數。

一個好方法是將 HttpInterceptor 視為一個鏈。每個攔截程序以請求呼叫，由攔截程序決定鏈是否繼續下去。在這種背景下，每個攔截程序可修改請求。它可以繼續以請求物件呼叫 intercept 方法。若只有一個攔截程序，則處理程序會以請求物件呼叫後台。若還有攔截程序，它會處理鏈的下一個攔截程序。

讓我們將這個紀錄所有請求到控制台的攔截程序掛在應用程式上。如下修改 AppModule（在 *src/app/app.module.ts*）：

```
/** 省略其他標準匯入 **/
import { HttpClientModule, HTTP_INTERCEPTORS } from '@angular/common/http';
import { AuthService } from './services/auth.service';
import { StockAppInterceptor } from './services/stock-app.interceptor';

@NgModule({
  declarations: [
    /** 省略 **/
  ],
  imports: [
    /** 省略 **/
  ],
  providers: [
    StockService,
    AuthService,
    {
      provide: HTTP_INTERCEPTORS,
      useClass: StockAppInterceptor,
      multi: true,
    }
  ],
  bootstrap: [AppComponent]
})
export class AppModule { }
```

重點在 providers 的最後一個元素，我們以此提供 HttpInterceptor。我們使用基本形式表示提供什麼（使用 provide 鍵）、如何提供（使用 useClass，它指向新建構的 StockAppInterceptor）、與指出它是個攔截程序陣列（使用 multi: true）。我們可用同樣方式加入其他攔截程序。

接下來我們可以執行此應用程式（確定 Node.js 伺服器有執行後使用 ng serve --proxy-configproxy.conf.json）。執行時，開啟開發者工具的控制台能看到非常伺服器呼叫時會產生一筆紀錄。點擊 Refetch Stocks 按鈕以觸發更多的伺服器呼叫。

接下來如下修改 *src/app/services/stock-app.interceptor.ts* 檔案：

```
import {Injectable} from '@angular/core';
import {HttpEvent, HttpInterceptor, HttpResponse} from '@angular/common/http';
import {HttpHandler, HttpRequest, HttpErrorResponse} from '@angular/common/http'

import {Observable} from 'rxjs/Observable';
import 'rxjs/add/operator/do';

import { AuthService } from './auth.service';

@Injectable()
export class StockAppInterceptor implements HttpInterceptor {

  constructor(private authService: AuthService) {}

  intercept(req: HttpRequest<any>, next: HttpHandler):
      Observable<HttpEvent<any>> {              ❶
    if (this.authService.authToken) {           ❷
      const authReq = req.clone({
        headers: req.headers.set(
          'Authorization',
          this.authService.authToken
        )
      });
      console.log('Making an authorized request');
      req = authReq;                            ❸
    }
    return next.handle(req)                      ❹
        .do(event => this.handleResponse(req, event),
            error => this.handleError(req, error));
  }


  handleResponse(req: HttpRequest<any>, event) {   ❺
    console.log('Handling response for ', req.url, event);
    if (event instanceof HttpResponse) {
      console.log('Request for ', req.url,
          ' Response Status ', event.status,
```

```
                ' With body ', event.body);
          }
      }

      handleError(req: HttpRequest<any>, event) {            ❻
          console.error('Request for ', req.url,
                ' Response Status ', event.status,
                ' With error ', event.error);
      }
  }
```

❶ 實作 intercept 這個 API

❷ 檢查伺服器中的認證憑證

❸ 以額外的標頭改變請求為有認證的請求

❹ 呼叫 handle 這個 API 以繼續處理鏈

❺ 處理成功回應

❻ 處理錯誤回應

我們修改了一些東西:

- 首先,我們檢查 authToken 是否存在於 AuthService。若有,則以 AuthService 的值加上 Authorization 標頭改變請求為有認證的請求。

- 我們以 import 'rxjs/add/operator/do'; 陳述對 Observable 加入一個運算子,然後在 next.handle 使用。

- 可觀察的 do 運算子能讓我們以傳遞方式取得可觀察的結果,但還是會修改或產生副作用。它在我們想要看到回應並可能修改或記錄時很有用。

- 我們訂閱可觀察的成功與失敗事件並做記錄。

為什麼要複製請求？

要注意我們如何對發出的請求加入標頭（或做其他修改）。

HttpRequest（與 HttpResponse）實例都是不可變的。這表示建構後值就不能改。我們想要 HttpRequest 與 HttpResponse 不可變是因為有各種 Observable 運算子，其中有些可能想要重試請求。

舉例來說，假設發出請求前有個簡單流程，我們計算用戶端的請求數量。若請求重新嘗試，則計數會再次更新，但還是原來的請求。

若請求實例是不可變的，則請求會再次通過攔截程序鏈，請求可能會完全不同。因此，HttpRequest 與 HttpResponse 實例是不可變的。因此，我們對它的修改會產生新的不可變實例。如此能讓我們確保通過攔截程序鏈的重新請求會產生完全相同的請求，不會因為可變而導致預期外的行為。

因此我們對請求呼叫 clone() 以取得修改 / 更新過屬性的新實例。這讓我們取得更新值後的新實例。我們將此實例而非原始請求傳給處理程序。

接下來以下列動作執行應用程式：

1. 從工具檢視初始請求取得股票清單。確定請求沒有 Authorization 標頭。

2. 點擊 Set Auth Token 按鈕。點擊 Refetch Stocks 按鈕。注意請求現在有 Authorization 標頭。相對應紀錄也被輸出。

3. 點擊 Reset Auth Token 以確保移除標頭，並再嘗試 Refetch Stocks。

4. 點擊 Make Failing Call 按鈕，並確定攔截程序中的錯誤處理程序被呼叫且記錄正確輸出。

服務相依性與攔截程序

注意我們透過相依注入在攔截程序中引入了 AuthService 相依。但是你需要注意一個例外，即你在攔截程序中依賴的相依性依賴於 HttpClient。這可以編譯，但是當你在瀏覽器中執行應用程式時，你將看到有關循環相依性的錯誤。這是因為底下的 HttpClient 需要所有攔截程序，當我們將服務加入為需要 HttpClient 的相依性時，我們最終會出現一個循環問題，這會破壞我們的應用程式。

如何解決？有幾個方式：

- 切割服務成不相依 HttpClient 的資料服務，與使用 HttpClient 發出伺服器呼叫的服務。然後你可以只相依第一個服務，它不會導致相依循環。這是較簡單且建議的做法。

- 不要在建構元注入 HttpClient 相依，而是在有需要時注入。要這麼做，你需要在建構元注入 Injector。然後你可以用 this.injector.get(MyService) 取得服務並使用它。更多資訊見 GitHub 的問題（ *https://github.com/angular/angular/issues/18224* ）。

完成的程式可從 *chapter9/interceptors* 下載。

進階可觀察

這一節會深入討論如何以可觀察完成比較複雜的工作。我們還會討論使用可觀察時應該避免的常見陷阱。從應用程式的角度來看，我們會嘗試加入搜尋股票的功能。這會讓我們看到許多東西的實際運作。搜尋是展示 ReactiveX 的典型範例，它展示可觀察讓特定工作更簡單，特別是將所有東西當做事件的串流處理時。

輸入並搜尋通常很難，原因是：

- 如果每次按鍵就觸發一個 HTTP 呼叫，則最後會有很多呼叫，其中大部分都必須忽略。

- 使用者很少一次就打對，通常會刪除又重打。這也會導致不必要的重複呼叫。

- 你必須顧慮如何處理非循序的回應。若前面的查詢結果比後面的晚回來，你必須在應用程式的邏輯中處理。

幸好可觀察有運算子能處理它們。改正前,讓我們先加入一行以顯示有多少搜尋結果。這也會展示使用可觀察要關注的一件事。

我們會使用前面的程式,它可從 *chapter9/simple-http* 下載。接下來會用它來修改。

首先,修改 *src/app/stock/stock-list.component.html* 以顯示股票與股票數量。修改後如下:

```
<h2>
  We have found {{(stocks$ | async)?.length}} stocks!
</h2>

<app-stock-item *ngFor="let stock of stocks$ | async"
                [stock]="stock">
</app-stock-item>
```

我們加入一個 div,它顯示長度(若有則以?語法顯示——它標註該元素為選擇性的,因此能防止空值失敗等)。接下來執行應用程式會看到股票清單與 "We have found 3 stocks!"。

但開啟網路工具你會注意到一件有趣的事。實際上有兩個呼叫要取得股票清單。為什麼?因為 Angular 的可觀察預設為冷。因此每次有人訂閱時,可觀察就被觸發。此例中,我們有兩個訂閱者,它們是 Async 管道,一個是 ngFor 而另一個是 length。因此,相較於使用同一個可觀察,我們最終發出兩個不同的呼叫。

冷與熱可觀察

前面提到 Angular 的可觀察預設為冷可觀察。這是什麼意思?基本上,可觀察只是連接生產方與消費者的函式。

冷可觀察也負責建構生產方,而熱可觀察共用生產方。

對我們來說,這表示若有人在 Angular 中訂閱一個可觀察,則生產方為該實例建構。這是為何每個訂閱產生新的生產方。

更多冷熱可觀察資訊見 *http://bit.ly/2s2HETa*。

接下來要如何解決?我們有幾個選項:

- 我們可以告訴 Angular 共用同一個可觀察以防止兩個呼叫。

- 我們可以手動訂閱可觀察並捕捉事件回應,且儲存到類別變數中。然後模板可以存取類別變數而非依靠 Async 管道。

- 我們可以選擇不使用可觀察並改為使用 promise 以取得值。promise 在 Angular 中可用，你可以對可觀察呼叫 toPromise 將任何可觀察轉換成 promise（匯入再加入運算子 toPromise）。

這些都是可以接受的選項，視狀況而定。雖然 Angular 鼓勵我們使用可觀察，但沒有規定不能轉換成 promise。有時候使用 promise 比可觀察合理。

我們不會討論後面兩個程式段。讓我們看一下如何共用同一個可觀察，如下修改 *src/app/stock/stock-list/stock-list.component.ts* 檔案：

```
import { Component, OnInit } from '@angular/core';
import { StockService } from 'app/services/stock.service';
import { Stock } from 'app/model/stock';
import { Observable } from 'rxjs/Observable';

import { share } from 'rxjs/operators';

@Component({
  selector: 'app-stock-list',
  templateUrl: './stock-list.component.html',
  styleUrls: ['./stock-list.component.css']
})
export class StockListComponent implements OnInit {

  public stocks$: Observable<Stock[]>;

  constructor(private stockService: StockService) { }

  ngOnInit() {
    this.stocks$ = this.stockService.getStocks()
      .pipe(share());
  }
}
```

我們從 RxJS 匯入並使用 share 運算子。然後，在 ngOnInit 中，相較於直接儲存 getStocks() 的可觀察，我們將可觀察傳入管道，並在管道加上 share() 運算子。我們將此可觀察儲存為成員變數。這確保無論可觀察有多少訂閱，只有一個會觸發伺服器。接下來執行此應用程式，你應該只會看到一個請求擷取股票清單，且還是會看到股票數量與個別股票。

在應用程式中使用 AsyncPipe 時要小心,因為對同一個可觀察使用多個 async 管道而沒有關於底層的可觀察,會導致多個伺服器呼叫。

另一個選項是使用 as 運算子與 async 管道。它指派變數給模板變數以容易存取與使用。我們可以這麼做:

```
<li *ngFor="let stock of stocks$ | async as stocks;
       index as i">
  {{ stock.name }} ({{ i }} of {{ stocks.length }})
</li>
```

問題是模板變數的範圍為該元素,無法如範例從外面存取。

接下來,讓我們加入搜尋欄,並檢視如何根據搜尋條件從伺服器取得股票清單。我們會逐步進行,首先是更新服務以發出修改後的伺服器呼叫,然後在 UI 加入搜尋欄。

再來,讓我們修改 StockService 以支援用字串搜尋股票。如下修改 *src/app/services/stock.service.ts* 檔案:

```
import { Injectable } from '@angular/core';
import { HttpClient } from '@angular/common/http';

import { Observable } from 'rxjs/Observable';

import { Stock } from 'app/model/stock';

@Injectable()
export class StockService {

  constructor(private http: HttpClient) {}

  getStocks(query: string) : Observable<Stock[]> {
    return this.http.get<Stock[]>(`/api/stock?q=${query}`);
  }

  /** 其餘不變,省略 */
}
```

我們修改了 getStocks 方法的定義以取用 query 參數,然後將此參數作為查詢參數傳入 */api/stock* 伺服器呼叫。注意我們能如第二個參數以選項物件將它傳入而非加入 URL。

接下來我們必須修改 StockListComponent 以發出修改後的呼叫。我們還會加入連結元件模型的輸入欄位，它會驅動我們的輸入與搜尋功能。讓我們先修改模板以加入新表單欄位，如下修改 *src/app/stock/stock-list/stock-list.component.html*：

```html
<div>
  <input name="searchBox"
        [(ngModel)]="searchString"
        placeholder="Search Here"
        (keyup)="search()">
</div>

<h2>
  We have found {{(stocks$ | async)?.length}} stocks!
</h2>

<app-stock-item *ngFor="let stock of stocks$ | async"
                [stock]="stock">
</app-stock-item>
```

我們將稱為 searchBox 的 input 欄位加入模板，並使用 ngModel 連結 searchString 成員變數。此外，每個 keyup 事件都會觸發 search() 方法。讓我們看看 *src/app/stock/stock-list/stock-list.component.ts* 中的元件變成什麼樣子：

```typescript
import { Component, OnInit } from '@angular/core';
import { StockService } from 'app/services/stock.service';
import { Stock } from 'app/model/stock';
import { Observable } from 'rxjs/Observable';

import { share } from 'rxjs/operators';

@Component({
  selector: 'app-stock-list',
  templateUrl: './stock-list.component.html',
  styleUrls: ['./stock-list.component.css']
})
export class StockListComponent implements OnInit {

  public stocks$: Observable<Stock[]>;
  public searchString: string = '';

  constructor(private stockService: StockService) { }

  ngOnInit() {
    this.stocks$ = this.stockService.getStocks(this.searchString)
        .pipe(share());
```

```
    }
    search() {
      this.stocks$ = this.stockService.getStocks(this.searchString)
          .pipe(share());
    }
}
```

此時我們還沒有做多少;我們只是在 search() 方法中複製擷取股票的邏輯。我們還確保傳遞查詢條件給 StockService。如果此時執行應用程式,你會看到新的搜尋欄位。在此欄位打字,它會發出請求到伺服器進行搜尋。但開啟開發者工具中的網路檢視會看到真正的動作:

- 每次按鍵都對伺服器發出一個請求。這非常沒效率。

- 若前面已經發出相同值的請求,則我們會發出重複值的請求。

幸好,由於我們只有最新可觀察的參考,我們無需擔心回應的順序,但若在元件中訂閱可觀察,則我們必須確保所操作的回應是最新而非舊的回應。

接下來讓我們看看如何利用可觀察運算子解決這些問題。我們如下修改元件的實作:

```
import { Component, OnInit } from '@angular/core';
import { StockService } from 'app/services/stock.service';
import { Stock } from 'app/model/stock';
import { Observable } from 'rxjs/Observable';
import { Subject } from 'rxjs/Subject';

import { debounceTime, switchMap,
         distinctUntilChanged, startWith,
         share } from 'rxjs/operators';

@Component({
  selector: 'app-stock-list',
  templateUrl: './stock-list.component.html',
  styleUrls: ['./stock-list.component.css']
})
export class StockListComponent implements OnInit {

  public stocks$: Observable<Stock[]>;
  public searchString: string = '';

  private searchTerms: Subject<string> = new Subject();
  constructor(private stockService: StockService) { }
```

```
ngOnInit() {
  this.stocks$ = this.searchTerms.pipe(
    startWith(this.searchString),
    debounceTime(500),
    distinctUntilChanged(),
    switchMap((query) => this.stockService.getStocks(query)),
    share()
  );
}

search() {
  this.searchTerms.next(this.searchString);
}
}
```

我們對元件進行了重大改變，讓我們來談談各種變化以及我們為什麼要這樣做：

- 首先是引入 searchTerms 成員變數，它是個 Subject。Subject 在 RxJS 是特殊型別，它同時作為觀察者與可觀察。也就是說，它能夠發出事件並訂閱事件。我們會使用 searchTerms 在使用者於搜尋欄位打字時觸發事件。

- 此時，ngOnInit 以 Subject 而非 StockService 啟動。這表示可觀察運算子鏈會在 Subject 有新的條件時觸發。Subject 於使用者輸入字母時在 search() 發出事件。

- 當然，我們不想要每次使用者打個字就觸發伺服器呼叫，因此我們在鏈中引入 debounceTime() 運算子。我們在可觀察上使用 pipe，然後可加入任意數量的運算子作為 pipe 函式的參數。此處，我們要求串流暫停直到 500 毫秒內都沒有新事件。如此能確保我們在使用者停止打字半秒後才發出呼叫。

- 下一件事是避免不必要的呼叫，例如使用者輸入搜尋條件（例如 "test"），然後輸入更多字元接著刪除回到原來開始的字。相較於加入檢視與區域變數，我們使用另一個稱為 distinctUntilChanged() 的可觀察運算子。它確保事件只會在值與之前不同時發出，因此可省下幾個網路呼叫。

- 目前我們使用發出 string 值的 Subject。但我們連結的可觀察是個 Stock[]。將可觀察鏈從一個型別轉換成另一個型別通常使用 map 運算子。但我們會使用稱為 switchMap 的特定型別 map 運算子。switchMap 除了將一個型別的可觀察轉換成另一個型別外還能取消舊的訂閱。這能解決未依序的回應問題。注意它不一定取消底下的 HTTP 請求而是丟掉訂閱。

- 如果保持現在這樣，我們的鏈只會在使用者開始於搜尋欄位打字時啟動，並導致網頁載入時的空股票清單。我們可以使用 `startWith` 運算子設定可觀察鏈觸發的初始值。我們從空字串開始，它確保網頁載入時我們會看到原始的股票清單。

此時，使用四個 RxJS 運算子鏈，我們可以執行應用程式。在搜尋欄位輸入時，它會等你停止打字一段時間後才發出請求。若輸入並刪除回到開始的值，它完全不會發出請求。

RxJS 還有很多運算子，本書就不討論了。這一節是要讓你知道 RxJS 能做什麼。若要嘗試做更複雜的工作，試試看使用運算子而非自己解決。更多資訊見 RxJS 官方文件（*http://reactivex.io/rxjs/manual/overview.html#operators*）。

總結

我們討論如何使用 Angular 的 `HttpClient` 發出 HTTP 呼叫。我們從使用 `HttpClient` 發出 GET 與 POST 呼叫開始，然後深入 `HttpClient` 的 API。這包括使用標頭與查詢參數，與不同層級的回應細節及不同的回應型別。然後我們討論如何以攔截程序處理 HTTP 請求與回應的常見狀況，並檢視然後建構 Angular 的 HTTP 鏈的攔截程序。最後，我們討論如何利用可觀察完成複雜的工作與搜尋範例。

下一章討論如何撰寫服務的測試，與如何對透過 `HttpClient` 發出的 HTTP 呼叫進行單元測試。

練習

使用第 8 章的練習（可從 *chapter8/exercise/ecommerce* 下載）。安裝與執行 *chapter9/exercise/server* 目錄下的伺服器：

```
npm i
node index.js
```

它會啟動 Node.js 伺服器，它具有產品（類似股票）。它顯露下列 API：

- */api/product* 的 GET 可取得產品清單。可使用選擇性的參數 q 搜尋產品名稱。

- */api/product* 的 POST 加上內容中的產品資訊可在伺服器端建構產品（當然是放在記憶體中；重新啟動伺服器會失去產品資訊）。

- */api/product/:id* 的 PATCH 加上 URL 中的產品 ID 與內容中的 changeInQuantity 欄位，可改變購物車中的產品數量。

以此完成下列工作：

1. 修改 ProductService 以發出 HTTP 呼叫替換回應假資料。支援搜尋產品。

2. 利用叫觀察實作產品清單與搜尋。

3. 處理建構產品與修改產品數量。

4. 使用同一個可觀察鏈在建構產品或改變數量時，重新載入產品清單。

這些要求能以這一章討論過的概念解決。唯一的麻煩是如何在不同元件中重新載入產品清單，你可以利用模板參考變數存取元件並發出呼叫。另一件事是使用可觀察的 merge 運算子，以使用同一個可觀察載入清單、搜尋產品、重新載入清單。完成方案見 *chapter9/exercise/ecommerce*。

第十章

單元測試服務

前面兩章討論 Angular 的服務是什麼、何時使用、與如何使用。我們還討論了如何發出 HTTP 呼叫與使用伺服器時如何處理各種狀況。

這一章討論如何對服務進行單元測試。我們先討論如何對服務進行單元測試，然後認識如何使用 Angular 的相依注入系統在單元測試中模擬服務相依。最後我們會討論撰寫 HttpClient 的單元測試。

單元測試是什麼與撰寫元件的單元測試見第 5 章。

如何對服務進行單元測試

我們先討論如何對服務進行單元測試。它們可能是封裝應用程式中重複使用的商業邏輯，或功能的沒有相依的服務。

我們會從測試第 8 章的服務開始。你可以使用 *chapter8/simple-service* 的程式。完成的程式式在 *chapter10/simple-service*。

對服務進行單元測試時，我們必須重複做測試元件時所做的事情。也就是：

- 設定 Angular 的 TestBed 與要測試的服務。
- 注入受測服務實例到測試，或作為 beforeEach 中的元件實例。

使用 Angular 的 CLI 產生服務時，也會產生基礎骨架。讓我們先看看產生在 *src/app/services/stock.service.spec.ts* 的骨架規格：

```
import { TestBed, inject } from '@angular/core/testing';

import { StockService } from './stock.service';

describe('StockService', () => {
  beforeEach(() => {
    TestBed.configureTestingModule({
      providers: [StockService]
    });
  });

  it('should be created', inject([StockService],
      (service: StockService) => {
    expect(service).toBeTruthy();
  }));
});
```

此基本骨架能讓我們進行前述的初始設定。讓我們討論最重要的部分：

- 在 beforeEach 中，如同前面登記元件，我們登記 StockService 的 provider。這確保測試在測試模組中執行。

- 在實際的測試 it 中，相較於傳入測試函式，我們呼叫 inject，它是 Angular 測試工具提供的函式。我們傳入一個陣列作為第一個參數，它是要注入到測試中的 Angular 服務。第二個參數是以傳入陣列相同順序取得參數的函式。我們在此函式中撰寫實際測試。

在骨架程式中，我們以測試模組初始化 StockService 服務，然後確保將它注入測試，我們取得初始化後的服務以用於測試。

進入實際測試前，讓我們回顧受測服務。**StockService** 目前長這樣：

```
import { Injectable } from '@angular/core';
import { Stock } from 'app/model/stock';

@Injectable()
export class StockService {

  private stocks: Stock[];
  constructor() {
    this.stocks = [
```

```
          new Stock('Test Stock Company', 'TSC', 85, 80, 'NASDAQ'),
          new Stock('Second Stock Company', 'SSC', 10, 20, 'NSE'),
          new Stock('Last Stock Company', 'LSC', 876, 765, 'NYSE')
        ];
    }

    getStocks() : Stock[] {
      return this.stocks;
    }

    createStock(stock: Stock) {
      let foundStock = this.stocks.find(each => each.code === stock.code);
      if (foundStock) {
        return false;
      }
      this.stocks.push(stock);
      return true;
    }

    toggleFavorite(stock: Stock) {
      let foundStock = this.stocks.find(each => each.code === stock.code);
      foundStock.favorite = !foundStock.favorite;
    }
  }
```

StockService 預設初始化三個股票。呼叫 getStocks() 時回傳這三個股票。我們也呼叫 createStock 來加入股票，它會檢查股票是否存在然後加入。

接下來改善它以實際測試服務，它能夠取得股票清單並加入股票。我們會為這兩個方法加入兩個測試：

```
/** 略過其他匯入 **/
import { Stock } from 'app/model/stock';

describe('StockService', () => {
  var stockService: StockService;
  beforeEach(() => {
    /** 第一個 beforeEach 沒有修改，省略 **/
  });

  beforeEach(inject([StockService],          ❶
    (service: StockService) => {
      stockService = service;
  }));
```

```
  it('should allow adding stocks', () => {
    expect(stockService.getStocks().length).toEqual(3);        ❷
    let stock = new Stock('Testing A New Company', 'TTT',
        850, 800, 'NASDAQ');
    expect(stockService.createStock(stock)).toBeTruthy();      ❸
    expect(stockService.getStocks().length).toEqual(4);        ❹
    expect(stockService.getStocks()[3].code).toEqual('TTT')
  });

  it('should fetch a list of stocks', () => {
    expect(stockService.getStocks().length).toEqual(3);        ❺
    expect(stockService.getStocks()[0].code).toEqual('TSC');   ❻
    expect(stockService.getStocks()[1].code).toEqual('SSC');
    expect(stockService.getStocks()[2].code).toEqual('LSC');
  });
});
```

❶　將 StockService 注入另一個 beforeEach 並儲存以供測試存取

❷　確保從服務的三個股票開始

❸　加入股票並確保它回傳 true

❹　檢查加入服務的股票是否存在

❺　確保從服務的三個股票開始

❻　檢查股票以確保資料如預期

我們稍微修改初始化邏輯並加上兩個測試：

- 相較於寫在每個測試的 inject 區塊（每個 it 區塊），我們將邏輯移動到 beforeEach 區塊，它只負責設定在所有測試中重複使用的區域變數。注意這不表示所有測試使用同一個實例，而是我們無需將服務分別注入每個測試。

- 我們加入兩個測試，一個測試加入股票，另一個測試預設的 getStocks() 呼叫。注意兩個測試是相互獨立的。我們加入第一個測試的股票不會使第二個測試變成四個。每個測試前會以新的服務實例建構新測試模組。

除此之外，測試本身相當直接簡單。執行下列命令以開始測試：

```
ng test
```

它應該會啟動 Karma、捕捉 Chrome、執行測試、從終端機視窗回報結果。

處理服務相依性？

若服務本身相依其他服務呢？我們以相同方式處理。我們有幾個選項：

- 以 Angular 的 TestBed 模組將相依登記為服務，並讓 Angular 負責將它注入到受測服務。

- 以 TestBed 登記假程式來覆寫 / 模擬相依服務，並以它代替原始服務。

以上都是將另一個 provider 加入 TestBed.configureTestingModule 呼叫。下一節會看到實際做法。

以相依服務測試元件

接下來看看如何處理兩種稍微不同的狀況：

- 在測試中使用真正的服務來測試元件。

- 在測試中模擬相依的服務來測試元件，以真正的服務測試元件。

Testing Components with a Real Service

接下來，讓我們檢視使用真正服務的 StockListComponent 的測試。如下修改 *src/app/stock/stock-list/stock-list.component.spec.ts* 檔案：

```typescript
import { async, ComponentFixture, TestBed } from '@angular/core/testing';

import { StockListComponent } from './stock-list.component';
import { StockService } from 'app/services/stock.service';
import { StockItemComponent } from 'app/stock/stock-item/stock-item.component';
import { Stock } from 'app/model/stock';

describe('StockListComponent With Real Service', () => {
  let component: StockListComponent;
  let fixture: ComponentFixture<StockListComponent>;

  beforeEach(async(() => {
    TestBed.configureTestingModule({
      declarations: [ StockListComponent, StockItemComponent ],    ❶
      providers: [ StockService ]                                  ❷
    })
```

```
      .compileComponents();
  }));

  beforeEach(() => {
    fixture = TestBed.createComponent(StockListComponent);
    component = fixture.componentInstance;
    fixture.detectChanges();
  });

  it('should load stocks from real service on init', () => {
    expect(component).toBeTruthy();
    expect(component.stocks.length).toEqual(3);                    ❸
  });
});
```

❶ 　將 StockItemComponent 加入 TestBed 的 declarations 陣列

❷ 　將 StockService 加入 providers 陣列

❸ 　確保元件中的股票從服務載入

大部分測試骨架由 Angular 的 CLI 產生。我們做的重要修改有：

- 除了 StockListComponent 外，我們還加入 StockItemComponent 的宣告。這是因為 StockListComponent 的模板使用 StockItemComponent，因此需要它測試才能成功。

- 將 StockService 加入 providers 陣列。這確保測試中的元件使用真正的 StockService。

- 最後，我們加入斷言以確保元件初始化時，股票從 StockService 載入。

如果你有注意，它應該類似前一節服務本身的測試。我們只是加入服務的提供方，然後讓服務可於測試中存取。

以模擬服務測試元件

接下來，讓我們看看如何建構假服務以撰寫類似的測試。這種方法在使用模擬呼叫測試服務時很有用。這樣比建構與維護假實作更方便。

讓我們看看如何在測試中使用真正的服務與模擬呼叫。如下修改 *src/app/stock/stock-list/stock-list.component.spec.ts* 檔案：

```
/** 標準匯入，省略 **/

describe('StockListComponent With Mock Service', () => {
  let component: StockListComponent;
  let fixture: ComponentFixture<StockListComponent>;
  let stockService: StockService;

  beforeEach(async(() => {
    /** TestBed 組態不變，省略 **/
  }));

  beforeEach(() => {
    fixture = TestBed.createComponent(StockListComponent);
    component = fixture.componentInstance;
    // 總是從注入程序取得服務！
    stockService = fixture.debugElement.injector.get(StockService);    ❶
    let spy = spyOn(stockService, 'getStocks')                         ❷
        .and.returnValue([
          new Stock('Mock Stock', 'MS', 800, 900, 'NYSE')
        ]);
    fixture.detectChanges();
  });

  it('should load stocks from mocked service on init', () => {
    expect(component).toBeTruthy();
    expect(component.stocks.length).toEqual(1);                        ❸
    expect(component.stocks[0].code).toEqual('MS');
  });
});
```

❶ 透過元件的注入程序取得 StockService

❷ 模擬 getStocks() 呼叫並回傳寫死的值

❸ 確保股票來自模擬呼叫

我們的測試類似前一節的測試，特別是如何提供服務給 TestBed。主要的差別是第二個 beforeEach，我們使用注入程序取得 StockService。

測試取得服務實例有兩種方式。我們可以如 StockService 的測試，依靠 Angular 測試工具的 inject 函式注入服務實例，或如此處使用元素的 injector 參考。

取得服務實例後,我們可以使用 *Jasmine* 的間諜監視服務的方法。間諜(無論來自 Jasmine 或其他框架)能讓我們接入任何方法或函式,並記錄呼叫與參數且能定義回傳值。

此例中,我們使用 spyOn 監視服務的特定方法(getStocks())並改成我們要的回傳值。如此就不會呼叫真正的服務。

然後測試以斷言確保從假服務而非原來的服務回傳值。

以假服務測試元件

測試相依其他服務的元件或服務的最後一個選項,是以測試用的假服務取代真正的服務。這能讓我們建構測試用的服務並記錄 API 以什麼值呼叫。它可以使用 Jasmine 的間諜,但若有重複的使用案例,建構可重複使用的假服務更合理。

假服務只是與真正的服務有相同的 API,但方法的實作是寫死的。舉例來說,我們的假服務只回傳寫死的股票清單。

讓我們看看如何在測試中使用假服務。如下修改 *src/app/stock/stock-list/stock-list.component.spec.ts*:

```
/** 省略匯入 **/

describe('StockListComponent With Fake Service', () => {
  let component: StockListComponent;
  let fixture: ComponentFixture<StockListComponent>;

  beforeEach(async(() => {
    let stockServiceFake = {                              ❶
      getStocks: () => {
        return [new Stock('Fake Stock', 'FS', 800, 900, 'NYSE')];
      }
    };
    TestBed.configureTestingModule({
      declarations: [ StockListComponent, StockItemComponent ],
      providers: [ {
        provide: StockService,
        useValue: stockServiceFake                        ❷
      } ]
    })
    .compileComponents();
  }));
```

```
beforeEach(() => {
  fixture = TestBed.createComponent(StockListComponent);
  component = fixture.componentInstance;
  fixture.detectChanges();
});

it('should load stocks from fake service on init', () => {
  expect(component).toBeTruthy();
  expect(component.stocks.length).toEqual(1);
  expect(component.stocks[0].code).toEqual('FS');          ❸
});
});
```

❶　定義實作 getStocks() 方法的 stockServiceFake 物件

❷　指定 StockService 的實例

❸　確保值來自假服務

此測試與前面的測試有很大的不同，因此讓我們討論主要的差異：

- 我們先建構 stockServiceFake 這個假服務實例。注意我們只初始化一個方法
  （getStocks()）而不是全部的 API。

- 使用 TestBed 設定此測試模組時，相較於登記 StockService，我們登記一個提
  供方。我們告訴 Angular 有人要求 StockService 時（使用 provide 鍵），提供
  stockServiceFake 鍵（使用 useValue）。它覆寫類別實例的預設行為。

提供服務實例

一般來說，我們以類別作為 Angular 的 provider，Angular 會負責初始化
類別的實例，並在相依元件或服務要求時提供。

在某些情況下，我們不要 Angular 將它初始化，而是定義使用什麼值。前
面的程式使用這個機制，我們可以定義提供什麼類別（使用 provide 鍵），
並指定使用的實例而非讓 Angular 建構實例（使用 useValue 鍵）。

更多設定提供方的資訊見 Angular 官方文件（*http://bit.ly/2IVt8Hl*）。

除此之外，我們的測試看起來差不多。我們斷言元件回傳的資料來自假服務，而非真正
的服務。

總是從注入程序取得服務

注意取得服務實例的建議方式是從注入程序，使用假服務時也是一樣。這是因為我們在測試中建構的 fakeStockService 實例與 Angular 相依注入程序提供的不相同。因此，就算是假服務，若要斷言股票成功的加入服務，你會想要對注入程序回傳的服務執行而不是原來的服務。

您可以讓 Angular 的相依注入使用 Angular 測試工具中的 inject 方法為你提供，或在建構的元素上使用 injector 實例。

Angular 的相依注入程序建構了一個你提供給它的假複製品並注入，而非使用原始實例。

你可以透過在測試中針對服務實例撰寫測試，比較我們在此處編寫測試的方式來檢查這一點，並檢視測試的行為。你將看到測試失敗，因為原來的實例不會改變。

這些測試可從 *chapter10/simple-service/src/app/stock/stock-list/stock-list.component.spec.ts* 下載，它們放在三個 describe 區塊中。

非同步單元測試

前面討論了如何測試服務與元件，無論是否有相依性。但前面的服務都是同步的。這一節討論如何撰寫處理非同步流程的服務的測試。

對具有非同步流程的程式，必須小心測試並找出什麼時候從同步進入非同步，並據此進行處理。幸好 Angular 對這種測試提供足夠的幫助。

基本上，我們必須確保測試本身與其執行被視為非同步測試。其次，我們必須確保我們找出何時必須等待非同步部分完成，並檢驗其變化。

讓我們看看 CreateStockComponent 轉換成使用可觀察（但還不是 HTTP）的測試會是什麼樣子。我們會使用 *chapter8/observables* 的程式撰寫測試。

我們會加入 *src/app/stock/create-stock/create-stock.component.spec.ts* 檔案（或修改已經存在的骨架），並如下修改：

```
import { async, ComponentFixture, TestBed } from '@angular/core/testing';

import { CreateStockComponent } from './create-stock.component';
import { StockService } from 'app/services/stock.service';
import { Stock } from 'app/model/stock';
import { FormsModule } from '@angular/forms';
import { By } from '@angular/platform-browser';


describe('CreateStockComponent', () => {
  let component: CreateStockComponent;
  let fixture: ComponentFixture<CreateStockComponent>;

  beforeEach(async(() => {
    TestBed.configureTestingModule({
      declarations: [ CreateStockComponent ],
      providers: [ StockService ],
      imports: [ FormsModule ]          ❶
    })
    .compileComponents();
  }));

  beforeEach(() => {
    fixture = TestBed.createComponent(CreateStockComponent);
    component = fixture.componentInstance;
    fixture.detectChanges();
  });

  it('should create stock through service', async(() => {   ❷
    expect(component).toBeTruthy();
    component.stock = new Stock(
      'My New Test Stock', 'MNTS', 100, 120, 'NYSE');

    component.createStock({valid: true});

    fixture.whenStable().then(() => {          ❸
      fixture.detectChanges();                 ❹
      expect(component.message)
          .toEqual('Stock with code MNTS successfully created');
      const messageEl = fixture.debugElement.query(
          By.css('.message')).nativeElement;
      expect(messageEl.textContent)
          .toBe('Stock with code MNTS successfully created');
    });
  }));
});
```

❶   CreateStockComponent 需要 FormsModule

❷   以 async 的回傳值作為 it 函式的第二個參數

❸   等待測試執行非同步流程

❹   改變後更新視圖

單元測試從 TestBed 初始化到 beforeEach 差不多一樣。我們必須匯入 FormsModule 以讓 CreateStockComponent 運行。

第一個不同在於非同步測試中的 it 宣告。相較於傳遞帶有測試程式的函式給 it 區塊，我們現在傳入 async 函式，它被傳入帶有測試程式的函式。撰寫非同步單元測試時不要忘記這個部分。

第二個不同在於呼叫實際觸發非同步流程的 createStock() 函式後。通常我們在這之後撰寫斷言。在非同步流程狀況下，我們必須要求 Angular 的測試工具保持穩定（也就是等待非同步部分完成）。然後 whenStabilize 在完成時回傳一個 promise，以讓我們能執行其餘測試。在這種狀況下，我們告訴 Angular 檢測任何變化並更新 UI，然後做斷言。

 此例中，就算我們略過 whenStabilize 並直接撰寫斷言，我們的測試還是會通過。但這只是因為底層的服務也是同步的，雖然它回傳的是可觀察。若它是非同步的，則 whenStable 會很關鍵。因此，async 測試最好的做法是使用它。

完成的程式可從 GitHub 的 *chapter10/observables* 目錄下載。

---

async 與 fakeAsync

前面的程式將 async 函式傳給 it 區塊，也就是我們的測試。這讓我們可以處理測試中的非同步行為並進行斷言。

Angular 還有個 fakeAsync 函式可代替 async 函式。兩者的用途類似，都是將一些 Angular 的內部非同步行為處理抽離。async 函式還是會顯露一些底層的非同步行為，因為我們必須在測試中以 whenStable() 函式處理 promise。

---

fakeAsync 則全部去除。它讓我們以完全同步的方式（幾乎是，除非我們在測試中真的發出 XHR 請求）撰寫單元測試（同步與非同步程式）。下面是以 fakeAsync 重寫的相同測試：

```
import { async, fakeAsync, tick,
         ComponentFixture, TestBed } from '@angular/core/testing';

import { CreateStockComponent } from './create-stock.component';
import { StockService } from 'app/services/stock.service';
import { Stock } from 'app/model/stock';
import { FormsModule } from '@angular/forms';
import { By } from '@angular/platform-browser';


describe('CreateStockComponent', () => {
  /** 相同，省略 */

  it('should create stock through service', fakeAsync(() => {        ❶
    expect(component).toBeTruthy();
    component.stock = new Stock(
      'My New Test Stock', 'MNTS', 100, 120, 'NYSE');

    component.createStock({valid: true});

    tick();                          ❷
    fixture.detectChanges();
    expect(component.message)
        .toEqual('Stock with code MNTS successfully created');
    const messageEl = fixture.debugElement.query(
        By.css('.message')).nativeElement;
    expect(messageEl.textContent)
        .toBe('Stock with code MNTS successfully created');
  }));
});
```

❶   使用 fakeAsync 取代 async

❷   使用 tick() 模擬非同步行為

我們傳入 fakeAsync 函式，相較於使用 whenStable，我們現在以 tick() 函式進行模擬。它讓程式看起來更直接與可讀。

> fakeAsync 測試中有 tick() 與 flush().tick 兩個方法模擬時間（均以微秒做參數）。flush 以次數做參數，基本上是任務佇列清空的次數。
>
> 所以要用哪一個？若想要保持程式直接且抽離非同步行為，則使用 fakeAsync。但若你想要思考程式流程並模擬實際運行，則使用 async 方法。這只是喜好問題，選你覺得比較合適的！

HTTP 的單元測試

最後要看的是如何測試 HTTP 通訊。我們會討論如何模擬伺服器呼叫。我們會討論如何利用 Angular 內建的測試工具測試 HTTP 通訊。

這一節會使用 *chapter9/simple-http* 下的程式，我們會討論如何測試取得股票清單的 GET 與建構股票的 POST。

首先，讓我們測試 StockListComponent，以檢視如何測試從伺服器取得股票清單的初始化邏輯。我們想要確保整個呼叫流程、取得股票清單，然後顯示。

如下修改 *src/app/stock/stock-list/stock-list.component.spec.ts*：

```
/** 標準匯入，省略 **/

import { HttpClientModule } from '@angular/common/http';
import { HttpClientTestingModule, HttpTestingController }
    from '@angular/common/http/testing';
import { By } from '@angular/platform-browser';


describe('StockListComponent With Real Service', () => {
  let component: StockListComponent;
  let fixture: ComponentFixture<StockListComponent>;
  let httpBackend: HttpTestingController;          ❶

  beforeEach(async(() => {
    TestBed.configureTestingModule({
      declarations: [ StockListComponent, StockItemComponent ],
      providers: [ StockService ],
      imports: [
        HttpClientModule,
        HttpClientTestingModule                    ❷
```

```
    ]
  })
  .compileComponents();
}));

beforeEach(inject([HttpTestingController],
    (backend: HttpTestingController) => {
  httpBackend = backend;
  fixture = TestBed.createComponent(StockListComponent);
  component = fixture.componentInstance;
  fixture.detectChanges();
  httpBackend.expectOne({                        ❸
    url: '/api/stock',
    method: 'GET'
  }, 'Get list of stocks').flush([{              ❹
    name: 'Test Stock 1',
    code: 'TS1',
    price: 80,
    previousPrice: 90,
    exchange: 'NYSE'
  }, {
    name: 'Test Stock 2',
    code: 'TS2',
    price: 800,
    previousPrice: 900,
    exchange: 'NYSE'
  }]);
}));

it('should load stocks from real service on init',
    async(() => {
  expect(component).toBeTruthy();
  expect(component.stocks$).toBeTruthy();

  fixture.whenStable().then(() => {              ❺
    fixture.detectChanges();
    const stockItems = fixture.debugElement.queryAll(
      By.css('app-stock-item'));
    expect(stockItems.length).toEqual(2);
  });
}));

afterEach(() => {
  httpBackend.verify();                          ❻
});
});
```

❶ 引入 HttpTestingController 區域變數

❷ 匯入 HttpClientModule 與 HttpTestingController

❸ 設定 /api/stock 呼叫作為測試的一部分

❹ 定義呼叫 GET 時回傳的股票清單

❺ 等待 Angular 工作佇列清空然後繼續

❻ 檢驗 /api/stock 的 GET 呼叫確實是測試的一部分

雖然此測試看起來很長，但支援 HTTP 呼叫的測試相當直接。撰寫發出 XHR 呼叫的測試的主要改變是使用 HttpTestingController。在我們的單元測試中，雖然我們想要測試發出 XHR 呼叫的程式流程，但我們不想要真正的發出呼叫。測試中的網路呼叫會增加不可靠的相依性，並讓測試不可預測。

因此，我們在測試中模擬 XHR 呼叫，只檢查 XHR 呼叫是否發出，若回應為特定值則正確。因此，大部分測試只是設定 HttpTestingController 的預期與呼叫的回應。你可以控制伺服器回應成功的 200 或錯誤（用戶端 400 或伺服器端 500）。

接下來讓我們看一下前面這個測試的重點：

1. 最重要的改變是匯入 HttpClientModule 使服務可以注入 HttpClient。

2. 再來是從 @angular/common/http/testing 引入 HttpClientTestingModule。此測試模組輔助自動模擬伺服器呼叫，並以可攔截與模擬伺服器呼叫的 HttpTestingController 替換。

3. 我們在 TestBed 模組的組態的 imports 連結這兩個模組。

4. 然後在測試（或此例中的 beforeEach）注入 HttpTestingController 的實例，以設定預期與檢驗伺服器呼叫。

5. 元件初始化後開始設定 HttpTestingController 的預期。此例中，我們預期對 /api/stock 的 GET 呼叫。我們還傳入可讀文字以於測試失敗或沒有呼叫時輸出到紀錄。

6. 除了設定預期呼叫，我們還定義 Angular 應該在呼叫發出時的回應。我們呼叫 flush 方法以回傳兩個股票的陣列。flush 的第一個參數是回應內容。

7. 其餘的部分很簡單。我們預期元件被初始化。然後，我們等待變更檢測穩定（呼叫 fixture.whenStable()），然後確保回傳的回應正確的繪製在模板上。

8. 我們在 afterEach 中呼叫 httpBackend.verify()。這確保所有在 HttpTestingController 設定的預期會在測試執行時實現。在 afterEach 中執行是個好做法，可確保程式不會多或少發出呼叫。

讓我們再寫個測試以檢視如何處理 POST 呼叫，以及如何從伺服器發送非 200 回應。如下修改 *src/app/stock/create-stock/create-stock.component.spec.ts* 檔案：

```
/** 標準匯入，省略 **/

describe('CreateStockComponent With Real Service', () => {
  let component: CreateStockComponent;
  let fixture: ComponentFixture<CreateStockComponent>;
  let httpBackend: HttpTestingController;

  beforeEach(async(() => {
    /** TestBed 組態如前，省略 **/
  }));

  beforeEach(inject([HttpTestingController],
      (backend: HttpTestingController) => {
    httpBackend = backend;
    fixture = TestBed.createComponent(CreateStockComponent);
    component = fixture.componentInstance;
    fixture.detectChanges();
  }));

  it('should make call to create stock and handle failure',
      async(() => {
    expect(component).toBeTruthy();
    fixture.detectChanges();

    component.stock = {
      name: 'Test Stock',
      price: 200,
      previousPrice: 500,
      code: 'TSS',
      exchange: 'NYSE',
      favorite: false
    };

    component.createStock({valid: true});

    let httpReq = httpBackend.expectOne({          ❶
      url: '/api/stock',
      method: 'POST'
```

```
    }, 'Create Stock with Failure');
    expect(httpReq.request.body).toEqual(component.stock);      ❷
    httpReq.flush({msg: 'Stock already exists.'},               ❸
        {status: 400, statusText: 'Failed!!'});

    fixture.whenStable().then(() => {
      fixture.detectChanges();
      const messageEl = fixture.debugElement.query(
          By.css('.message')).nativeElement;
      expect(messageEl.textContent).toEqual('Stock already exists.');   ❹
    });
  }));

  afterEach(() => {
    httpBackend.verify();                    ❺
  });
});
```

❶ 預期測試過程中對 */api/stock* 發出一個 POST 請求

❷ 確保 POST 請求的內容與元件中建構的股票相同

❸ 定義 POST 請求的回應為 400 失敗

❹ 檢查伺服器回應正確的被元件顯示

❺ 確保 POST 請求在測試中發生

前面的測試應該與 StockListComponent 的測試類似。讓我們討論主要差異的細節：

- 相較於在 httpBackend 設定 POST 呼叫的預期時立即送出回應，我們將它儲存在一個區域變數中。

- 然後我們撰寫 HTTP 請求的各個部分的預期，例如方法、URL、內容、標頭等。

- 然後我們確保請求內容符合元件中的股票。

- 最後我們送出回應，但相較於只送出內容，我們傳送第二個 options 參數以進一步的設定回應。我們將回應標示為 400 以觸發錯誤條件。

- 測試其餘部分不變，從等待測試穩定、元素斷言、到檢驗呼叫由 httpBackend 發出。

httpBackend.expectOne 也取用 HttpRequest 物件，而非傳入 URL 與方法作為組態物件。在這種情況下，我們可以用 POST 請求的內容設定 HttpRequest 物件。注意這不要求 POST 請求加上該內容發出。不要假設內容一定相符並忘記檢驗。

完成的程式可從 GitHub 的 *chapter10/simple-http* 目錄下載。

總結

我們討論 Angular 的服務測試。我們討論如何測試服務與使用服務的元件。我們討論處理服務的各種技術與選項，包括使用真正的服務與模擬服務。然後我們討論如何處理非同步行為的單元測試，然後討論如何處理 XHR 與 HTTP 的測試。

下一章討論如何以深度連結特定網頁與元件，加強 Angular 應用程式。我們會討論如何設定導向與保護特定導向，讓它只能在特定條件下存取。

練習

以第 9 章的練習（可從 *chapter9/exercise/ecommerce* 下載）執行下列項目：

1. 更新 ProductListComponent 的測試。刪除隔離單元測試。更新 Angular 的測試以使用 HttpTestingController 提供股票清單與處理數量變化。

2. 確保股票清單在數量變化時重新載入。

3. 對 CreateProductComponent 加上正負狀況的測試。檢查產品成功建構時發出的事件。

這些要求能以這一章討論過的概念解決。完成方案見 *chapter10/exercise/ecommerce*。

第十一章

Angular 的導向

前面討論過如何擴充應用程式與製作可重複使用的服務。我們也討論過如何以 HttpClient 模組整合與處理 HTTP 呼叫，並以可觀察與 RxJS 處理非同步流程。

這一章我們會處理另一個常見的網頁應用程式需求，也就是在不同路徑下封裝各種網頁，並在需要時深度連結它們。我們會實作 Angular 內建的導向模組。此外，我們會討論如何以 AuthGuards 與其他路由功能保護應用程式。

設定 Angular 導向

這一章會使用前面的伺服器，與具有基本元件的程式以專注於關鍵概念。我們會繼續以導向功能擴充前面的應用程式。我們會嘗試加入四個路徑：股票清單、建構股票、註冊、與登入。此外，我們會保護股票清單路徑並建構股票路徑，使你僅能於登入後存取它們。最後，我們會加上保護以確保離開表單不會讓資料跑掉。

設定伺服器

如前述，我們使用已經寫好的伺服器，它可從 *chapter11/server* 目錄下載。開發網頁前，讓我們討論伺服器設定與執行。注意此伺服器功能比之前多，因此要以這個伺服器取代之前的伺服器。

瀏覽 GitHub 的 *chapter11/server* 目錄（*https://github.com/shyamseshadri/angular-up-and-running*）。從這個目錄執行下列命令：

```
npm i
node index.js
```

這會安裝 Node.js 伺服器需要的相依檔案，然後在埠 3000 啟動伺服器。保持伺服器在背景執行。我們的應用程式會存取它並做註冊與登入。

> 注意此伺服器非常簡單，使用記憶體儲存資料。你建構／儲存的任何資料會在重新啟動伺服器時重置。這包括你註冊的使用者名稱。

啟動程式

我們會使用已經寫好的 Angular 應用程式，它有更多的元件。如果你要自己寫，注意在應用程式中加入下列功能。

程式可從 *chapter11/base-code-base* 目錄下載。主要的差別有：

- LoginComponent 與 RegisterComponent
- 發出登入與註冊的 HTTP 呼叫的 UserService
- 儲存使用者是否登入與憑證的 UserStoreService
- 發送認證憑證的 StockAppInterceptor

它們都登記在 AppModule 中。

匯入導向模組

全部設定好後，我們可以設定應用程式中的導向。第一步是設定 *index.html* 以確保提供給 Angular 設定導向的背景。我們使用 *index.html* 中 head 元素中的 base 標籤。若應用程式放在根（如之前的做法），則在 *index.html* 中加上：

```
<base href="/">
```

這由 Angular 的 CLI 自動完成，因此你只需要於應用程式不在根位置時修改就好。下一件事是匯入與設定 RouterModule，因為導向在 Angular 是選擇性模組。加入 RouterModule 前必須定義應用程式的路徑，因此我們先討論如何定義路徑。然後我們會回來討論如何匯入與加入 RouterModule。

我們會在 *app-routes.module.ts* 路徑模組檔案定義路徑，而不是在 *app.module.ts* 中定義。這是好的做法，因為你將它分離並模組化，就算一開始只有幾個路徑。雖然我們為路徑定義了獨立的模組，但最終分離定義每個功能的模組與路徑是合理的。如此能讓我們懶載入模組與路徑而非事先全部載入。

我們可以選擇手動建構新模組並連結至 AppModule，或讓 Angular 的 CLI 執行：

```
ng generate module app-routes --flat --module=app
```

這會在 *app* 目錄下產生 *app-routes.module.ts*。我們可以從中刪除 CommonModule 的匯入，因為我們不會宣告任何元件為導向模組的一部分。最終 *app-routes.module.ts* 看起來是這樣：

```
import { NgModule } from '@angular/core';
import { RouterModule, Routes }  from '@angular/router';

import { CreateStockComponent }
    from './stock/create-stock/create-stock.component';
import { StockListComponent } from './stock/stock-list/stock-list.component';
import { LoginComponent } from './user/login/login.component';
import { RegisterComponent } from './user/register/register.component';

const appRoutes: Routes = [                            ❶
  { path: 'login', component: LoginComponent },
  { path: 'register', component: RegisterComponent },
  { path: 'stocks/list', component: StockListComponent },
  { path: 'stocks/create', component: CreateStockComponent },
];

@NgModule({
  imports: [
    RouterModule.forRoot(appRoutes),                  ❷
  ],
  exports: [
    RouterModule                                       ❸
  ],
})
export class AppRoutesModule { }
```

❶ 宣告應用程式的路徑陣列

❷ 匯入並登記根應用程式的路徑

❸ 匯出 RouterModule 使匯入 AppRoutesModule 的模組可存取路由指令

這是我們除了 Angular 的 CLI 產生的模組外第一次建構其他模組。AppRoutesModule（標註 @NgModule）只是匯入 RouterModule，然後匯出使其他模組可存取路由指令（稍後會使用）。匯入 RouterModule 時，我們以我們定義的路徑呼叫 forRoot 方法，將它標示給根模組。

我們傳給 forRoot 方法的路徑只是 Routes 陣列。每個路徑只是定義路徑的 path 的組態與路徑載入時的元件。我們定義四個路徑給四個元件。

接下來，我們只需如下修改 *app.module.ts* 檔案以連結此模組給主模組：

```
/** 其他匯入不變，省略 **/
import { AppRoutesModule } from './app-routes.module';


@NgModule({
  declarations: [
    /** 不變，省略 **/
  ],
  imports: [
    BrowserModule,
    FormsModule,
    HttpClientModule,
    AppRoutesModule,              ❶
  ],
  providers: [
    /** 不變，省略 **/
  ],
  bootstrap: [AppComponent]
})
export class AppModule { }
```

❶ 匯入新建構的 AppRoutesModule

還有很多元件與服務，但都在我們連結路由前建構。這些是我們用於建構程式的基礎。

顯示路徑內容

要讓路由應用程式執行的最後一件事，是告訴 Angular 遇到團隊路徑時從何處載入元件。若考慮到目前的狀況，我們定義了路徑的基底並設置了模組與路徑。

最後一件事是標示 Angular 要從什麼地方載入元件，我們使用 RouterModule 的 RouterOutlet 指令進行。如下修改 *src/app.component.html* 檔案：

```
<div>
  <span><a href="/login">Login</a></span>
  <span><a href="/register">Register</a></span>
  <span><a href="/stocks/list">Stock List</a></span>
  <span><a href="/stocks/create">Create Stock</a></span>
</div>
<router-outlet></router-outlet>
```

之前我們的 HTML 檔案中有 StockListComponent 與 CreateStockComponent。現在我們告訴 Angular 根據 URL 與路徑載入相關元件。我們還加入一些連結給我們加入的網頁。

現在我們可以執行應用程式並檢視各個路徑的運作。以下列命令執行（要確定你的伺服器代理設定）：

```
ng serve --proxy proxy.conf.json
```

以瀏覽器瀏覽 *http://localhost:4200* 應該會看到如圖 11-1 所示的畫面。

點擊任何連結應該會在瀏覽器開啟特定元件的網頁。

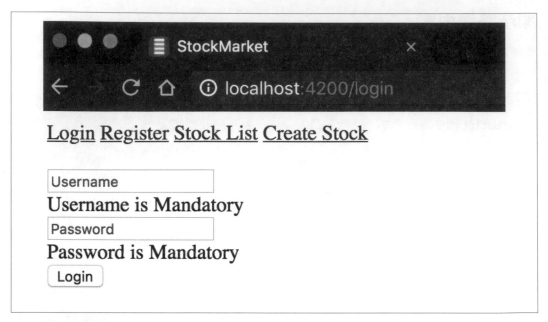

圖 11-1 具有導向的 Angular 應用程式

在應用程式中瀏覽

點擊任何連結並開啟網路工具,你會看到一些有趣的事情。你會看到整個網頁重新載入,而非我們預期的單頁應用程式導向。我們想要和期望的是,當路徑改變時,僅載入元件並執行相對應的 XHR 呼叫(如果有的話)。那麼我們如何實現這一目標呢?

Angular 提供指令讓我們在應用程式中瀏覽。如下修改 *app.component.html*:

```
<div class="links">
  <span>
    <a routerLink="/login" routerLinkActive="active">
        Login
    </a>
  </span>
  <span>
    <a routerLink="/register" routerLinkActive="active">
        Register
    </a>
  </span>
  <span>
    <a routerLink="/stocks/list" routerLinkActive="active">
```

```
        Stock List
    </a>
  </span>
  <span>
    <a routerLink="/stocks/create" routerLinkActive="active">
        Create Stock
    </a>
  </span>
</div>
<router-outlet></router-outlet>
```

我們稍微修改了內容，並加上一些樣式讓它好看一點。從功能性的角度來看，主要的改變有：

- 我們以 Angular 的 routerLink 指令取代 href 連結。這確保所有瀏覽都發生在 Angular 中。

- 我們還加入 Angular 的 routerLinkActive 指令，它在瀏覽器目前連結與 routerLink 指令相符時，將傳給它的參數（此例中的 active）作為 CSS 類別。這是選取目前連結時加入類別的一個簡單做法。

我們還加入一些 CSS 到 *app.component.css* 中：

```
.links, .links a {
  padding: 10px;
}

.links a.active {
  background-color: grey;
}
```

我們加入 background-color 到目前作用中的連結。此類別會根據目前 URL 自動加入到連結上。

接下來執行應用程式時應該會看到如圖 11-2 所示的畫面。

預設上，若從瀏覽器開啟 *http://localhost:4200*，你會看到只有連結的空網頁。若點擊任何連結（例如 Login），則相對應的元件會被載入。

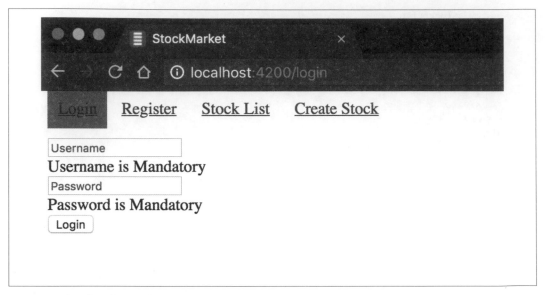

圖 11-2 具有導向與凸顯的 Angular 應用程式

萬用字元與預設

最後要討論的是處理初始載入。若與瀏覽器開啟 *http://localhost:4200*，我們會看到空網頁。同樣的，若瀏覽至不存在的 URL，它會產生錯誤（在開發者控制台中）並自動重新導向首頁。讓我們看看如何處理。

對這兩種情況，我們會回到 AppRoutesModule。如下修改 *app-routes.module.ts* 檔案：

```
/** 匯入不變，省略 **/

const appRoutes: Routes = [
  { path: '', redirectTo: '/login', pathMatch: 'full' },      ❶
  { path: 'login', component: LoginComponent },
  { path: 'register', component: RegisterComponent },
  { path: 'stocks/list', component: StockListComponent },
  { path: 'stocks/create', component: CreateStockComponent },
];

/** 其餘不變，省略 **/
export class AppRoutesModule { }
```

❶ 加入預設路徑以重新導向到 Login 頁

我們在路徑陣列中加入一個項目。此處，我們比較空路徑並要求 Angular 重新導向到 Login 頁。對任何路徑，相較於要求 Angular 使用一個元件，我們可以重新導向到已經定義的路徑。還要注意 pathMatch 鍵設為 full。這確保了只有當其餘路徑與空字串相符時我們才會重新導向到登入路徑。

pathMatch

pathMatch 預設為 prefix，檢查 URL 是否以 path 開始。若第一個路徑為預設且沒有加上 pathMatch: full，則每個 URL 都會重新導向登入路徑。因此，路徑的排序與 pathMatch 值都很重要。

你可以將 pathMatch 改為 prefix 來核對，這麼做時，所有連結最終都會連到 Login 頁。

最後要看的是如何處理 URL 輸入錯誤，或連結不對。有個捕捉全部路徑到 "網頁不存在" 頁或重新導向其他頁的路徑很好用。讓我們看看如何建立這種功能。同樣的，我們只會修改 *app-routes.module.ts* 檔案：

```
/** 匯入不變，省略 **/

const appRoutes: Routes = [
  { path: '', redirectTo: '/login', pathMatch: 'full' },
  { path: 'login', component: LoginComponent },
  { path: 'register', component: RegisterComponent },
  { path: 'stocks/list', component: StockListComponent },
  { path: 'stocks/create', component: CreateStockComponent },
  { path: '**', redirectTo: '/register' }          ❶
];

/** 其餘不變，省略 **/
export class AppRoutesModule { }
```

❶　加入重新導向到 Register 頁的捕捉全部路徑

捕捉全部路徑與 path ** 比較。與此路徑相符時，我們可以選擇載入元件（例如其他路徑）。此外，我們可以入此處再重新導向到另一個路徑。我們在 URL 不符時重新導向到 /register。

修改後，在瀏覽器開啟 *http://localhost:4200* 會自動的導向登入路徑。若輸入不存在的 URL，我們會被導向註冊路徑。

完成的程式可從 GitHub 的 *chapter11/simple-routing* 目錄下載。

常見導向需求

這一節繼續討論 Angular 的導向功能，與如何完成網頁應用程式常見的任務。特別是我們會專注於使用路徑與參數（必要與選擇性），以及認識各種可能的瀏覽方式，無論是透過模板或元件程式。

必要路徑參數

讓我們先看如何加入決定要載入什麼的路徑。配合範例時最簡單的做法是建構股票細節頁。

這一節會使用前面的程式，可從 GitHub 的 *chapter11/simple-routing* 目錄下載。還要確保 Node 伺服器在背景執行，且將你的 Angular 應用程式的請求由代理導向它。

為專注於導向，完成（簡單）的 StockDetailsComponent 已經在 *src/app/stocks* 目錄下建構好。它已經登記在 AppModule 中。它顯示個別的 StockItemComponent，但沒有最愛邏輯。檢視它之前，讓我們先看看引入新路徑的路徑定義的修改。如下修改 *app-routes.module. ts* 檔案：

```
/** 匯入不變，省略 **/

const appRoutes: Routes = [
  { path: '', redirectTo: '/login', pathMatch: 'full' },
  { path: 'login', component: LoginComponent },
  { path: 'register', component: RegisterComponent },
  { path: 'stocks/list', component: StockListComponent },
  { path: 'stocks/create', component: CreateStockComponent },
  { path: 'stock/:code', component: StockDetailsComponent },      ❶
  { path: '**', redirectTo: '/register' }
];

/** 其餘不變，省略 **/
export class AppRoutesModule { }
```

❶　載入股票細節的新路徑

只有加入一個新路徑，也就是 StockDetailsComponent 的路徑。注意此路徑是 stock/:code。此 URL 中包括一個變數，它可以根據要載入的股票修改。此例中的 StockDetailsComponent 元件可於載入時讀取路徑的 code，然後從伺服器載入相對應的股票。讓我們看看 StockDetailsComponent：

```typescript
import { Component, OnInit } from '@angular/core';
import { StockService } from '../../services/stock.service';
import { ActivatedRoute } from '@angular/router';
import { Stock } from '../../model/stock';

@Component({
  selector: 'app-stock-details',
  templateUrl: './stock-details.component.html',
  styleUrls: ['./stock-details.component.css']
})
export class StockDetailsComponent implements OnInit {

  public stock: Stock;
  constructor(private stockService: StockService,
              private route: ActivatedRoute) { }         ❶

  ngOnInit() {
    const stockCode = this.route.snapshot.paramMap.get('code');     ❷
    this.stockService.getStock(stockCode).subscribe(stock => this.stock = stock);
  }
}
```

❶ 將作用中的路徑注入建構元

❷ 使用作用中的路徑從 URL 讀取代號

此元件與前面的元件類似，除了有兩處不同：

- 我們將 ActivatedRoute 注入建構元。ActivatedRoute 是保存目前作用中路徑的資訊的服務，它知道如何解析並讀取資訊。

- 然後我們使用 ActivatedRoute 從 URL 讀取股票代號（code）。注意我們從 snapshot 讀取。snapshot 中的 paramMap 是所有 URL 參數的圖。我們稍後會討論它。

然後我們使用代號發出服務呼叫並將回傳值儲存在變數中，然後用於在 UI 顯示資訊，如前面所做。

StockService.getStock 如下加在 *src/app/services/stock.service.ts* 檔案中：

```
import { Injectable } from '@angular/core';
import { HttpClient, HttpHeaders, HttpResponse } from '@angular/common/http';

import { Observable } from 'rxjs/Observable';

import { Stock } from 'app/model/stock';
import { HttpEvent } from '@angular/common/http/src/response';
import { UserStoreService } from './user-store.service';

@Injectable()
export class StockService {

  /** 省略 **/

  getStock(code: string): Observable<Stock> {
    return this.http.get<Stock>('/api/stock/' + code);
  }

  /** 省略 **/
}
```

前面的程式省略大部分實作，只有新增的部分。要確保加在現有服務中。getStock 只是以 code 對伺服器發出 GET 請求並回傳相關股票。

此時，若執行應用程式，我們會有個路徑對應股票細節。但若透過 URL 瀏覽（例如 *http://localhost:4200/stock/TSC*），你會看到只有 $ 符號的空網頁。從開發者工具中的 Network 分頁會看到，確實有個請求要取得股票細節，但此時會回應 403，因為使用者目前沒有登入。403 回應通常是拒絕存取特定資源，通常是因為使用者沒有登入或不能存取此資料。我們會在第 246 頁的 "路徑保護" 一節討論如何處理。

瀏覽應用程式

有了股票細節路徑後，讓我們在應用程式中連結它。有幾個動作要處理：

- 註冊成功時瀏覽登入頁

- 登入成功時瀏覽股票清單頁

- 點擊股票清單中的股票時瀏覽股票細節頁

其中兩個必須在 TypeScript 程式處理，另一個在 HTML 模板中處理。讓我們看看如何處理。

首先，我們如下修改 *src/app/user/register/register.component.ts* 檔案中的 RegisterComponent：

```typescript
import { Component } from '@angular/core';
import { UserService } from '../../services/user.service';
import { Router } from '@angular/router';

@Component({
  selector: 'app-register',
  templateUrl: './register.component.html',
  styleUrls: ['./register.component.css']
})
export class RegisterComponent {

  public username: string = '';
  public password: string = '';

  public message: string = '';
  constructor(private userService: UserService,
              private router: Router) { }          ❶

  register() {
    this.userService.register(this.username, this.password)
      .subscribe((resp) => {
        console.log('Successfully registered');
        this.message = resp.msg;
        this.router.navigate(['login']);          ❷
      }, (err) => {
        console.error('Error registering', err);
        this.message = err.error.msg;
      });
  }
}
```

❶ 將 Router 注入元件

❷ 使用 Router 導向某個路徑

我們在 RegisterComponent 做出一些小改變。我們將 Angular 的 Router 的實例注入建構元，它讓我們能在應用程式中瀏覽。然後，我們發出成功註冊呼叫時，使用 router. navigate 呼叫導向登入頁。navigate 方法取用命令陣列，它們會解析成特定路徑。

router.navigate 方法很複雜。預設上，傳給它的命令陣列會產生 Angular 導向的絕對 URL。因此 router.navigate(['stocks', 'list']) 會導向 stocks/list 路徑。但我們也可以指定相對路徑（例如目前的路徑，我們可以在建構元載入目前的 ActivatedRoute 來取得）。因此若想要導向目前路徑的父路徑，我們可以執行 router.navigate(['../'], {relativeTo: this.route})。

我們還可以保存 URL、跳到位置等。更多資訊見 Angular 官方文件（*https://angular.io/api/router/Router#navigate*）。

我們可如下修改 LoginComponent：

```
import { Component } from '@angular/core';
import { UserService } from '../../services/user.service';
import { Router } from '@angular/router';

@Component({
  selector: 'app-login',
  templateUrl: './login.component.html',
  styleUrls: ['./login.component.css']
})
export class LoginComponent {

  public username: string = '';
  public password: string = '';

  public message: string = '';
  constructor(private userService: UserService,
              private router: Router) { }            ❶

  login() {
    this.userService.login(this.username, this.password)
      .subscribe((resp) => {
        console.log('Successfully logged in');
        this.message = resp.msg;
        this.router.navigate(['stocks', 'list']);   ❷
      }, (err) => {
        console.error('Error logging in', err);
        this.message = err.error.msg;
      });
  }
}
```

❶　將 Router 注入元件

❷　使用 Router 導向某個路徑

如同 RegisterComponent，我們也注入 Router，然後在成功登入時用它重新導向股票清單頁。注意我們使用命令陣列導向到正確的股票清單頁。

最後，讓我們看看如何確保點擊股票會到股票細節頁。我們已經建構了 StockDetails Component，位置在 stock/:code。如下修改 *src/app/stock/stock-item/stock-item.component.html*：

```
<div class="stock-container" routerLink="/stock/{{stock.code}}">
  <div class="name">{{stock.name + ' (' + stock.code + ')'}}</div>
  <div class="exchange">{{stock.exchange}}</div>
  <div class="price"
      [class.positive]="stock.price > stock.previousPrice"
      [class.negative]="stock.price <= stock.previousPrice">
      $ {{stock.price}}
  </div>
  <button (click)="onToggleFavorite($event)"
          *ngIf="!stock.favorite">Add to Favorite</button>
  <button (click)="onToggleFavorite($event)"
          *ngIf="stock.favorite">Remove from Favorite</button>
</div>
```

唯一的改變在第一行，我們在 div 容器元素上使用 routerLink 指令。注意相較於在瀏覽列的連結，我們結合 routerLink 指令與連結。因此，routerLink 的值會根據股票而改變代碼。

接下來執行應用程式並依序進行下列步驟：

1. 從瀏覽器開啟 *http://localhost:4200*。它應該會導向登入頁。

2. 你可以嘗試輸入帳號密碼，UI 應該會顯示帳號密碼錯誤訊息。

3. 點擊 Register 連結。它應該會重新導向 Register 頁並凸顯 Register 連結（使用 routerLinkActive 指令）。

4. 輸入帳號密碼並點擊 Register。成功後應該會重新導向 Login 頁。

5. 輸入相同的帳號密碼。它應該會重新導向到股票清單頁並顯示股票。

6. 點擊任一股票。它應該會開啟該股票頁（沒有細節，因為懶的寫！）。注意 URL 也變了。

注意幾件事：

- 我們還沒有在應用程式加上本機儲存功能。重新載入網頁則需要再登入！

- 重新啟動伺服器則需要再註冊，因為 Node 伺服器也用記憶體儲存。

- 若嘗試直接透過 URL 開啟股票清單頁或股票細節頁，應該會看到空頁，因為認證憑證被重置（重新載入網頁時）且必須再登入。

選擇性路徑參數

總結這一段前，我們會再看一個東西。路徑有時需要選擇性或必要的參數。例如目前頁數、頁大小、或必須傳遞的過濾資料，而我們想要確保它們可以加入書籤。我們會先討論如何處理這些狀況，然後討論在 Angular 中讀取定義參數與查詢參數的其他方法。

假設我們想要傳遞頁數給 StockListComponent 使它顯示正確的頁。此參數是選擇性的，因此我們想要以查詢參數傳遞。

首先，讓我們修改 LoginComponent 以傳入頁數到路徑：

```
/** 匯入與修飾詞不變，省略 **/
export class LoginComponent {

  /** 程式不變，省略 **/

  login() {
    this.userService.login(this.username, this.password)
      .subscribe((resp) => {
        console.log('Successfully logged in');
        this.message = resp.msg;
        this.router.navigate(['stocks', 'list'], {
          queryParams: {page: 1}                        ❶
        });
      }, (err) => {
        console.error('Error logging in', err);
        this.message = err.error.msg;
      });
  }
}
```

❶ 傳入查詢變數作為瀏覽請求的一部分

我們稍微修改 subscribe 中的 router.navigate，使我們可以傳遞 queryParams 物件作為呼叫的第二個參數的一部分。它會轉換成路徑中的查詢參數。

接下來看看如何在元件中讀取查詢參數。如下修改 StockListComponent：

```
/** 匯入不變，省略 **/
import { ActivatedRoute } from '@angular/router';

@Component({
  selector: 'app-stock-list',
  templateUrl: './stock-list.component.html',
  styleUrls: ['./stock-list.component.css']
})
export class StockListComponent implements OnInit {

  public stocks$: Observable<Stock[]>;
  constructor(private stockService: StockService,
              private userStore: UserStoreService,
              private route: ActivatedRoute) { }        ❶

  ngOnInit() {
    console.log('Page No. : ',
        this.route.snapshot.queryParamMap.get('page'));   ❷
    this.stocks$ = this.stockService.getStocks();
  }
}
```

❶　將目前 ActivatedRoute 注入建構元

❷　從 snapshot 讀取查詢參數

非常類似讀取定義參數，我們也可以從 ActivatedRoute 的 snapshot 讀取查詢參數。此例中，執行應用程式時，成功登入後，我們會看到瀏覽器的路徑變成 *http://localhost:4200/stocks/list?page=1*，且頁數從控制台輸出。

總結此主題前，還有一件使用路徑與路徑參數的事要注意（無論是必要或查詢參數）。前面使用 ActivatedRoute 的 snapshot 在元件的 ngOnInit 中讀取參數。若元件只載入一次且我們從它瀏覽其他元件或路徑是還好。但若同一個元件可能會以不同參數重新載入，則建議不要依靠 snapshot。

相對的，我們可以將參數與查詢參數視為可觀察，如同服務呼叫與 HTTP 請求。在這種方式下，訂閱會在 URL 改變時觸發，能讓我們重新載入資料而非依靠 snapshot。

讓我們修改 StockListComponent 以檢視它的運作。首先在模板加上按鈕以模擬移動到下一頁，如下修改 *src/app/stock/stock-list/stock-list.component.html* 檔案：

```html
<app-stock-item *ngFor="let stock of stocks$ | async"
                [stock]="stock">
</app-stock-item>
<div>
  <button type="button" (click)="nextPage()">Next page</button>
</div>
```

我們只是加上點擊後會觸發 nextPage() 方法的按鈕。接下來，讓我們修改元件程式以訂閱可觀察而非依靠 snapshot。如下修改 *src/app/stock/stock-list/stock-list.component.ts* 檔案：

```typescript
/** 匯入不變，省略 **/
import { ActivatedRoute, Router } from '@angular/router';

@Component({
  selector: 'app-stock-list',
  templateUrl: './stock-list.component.html',
  styleUrls: ['./stock-list.component.css']
})
export class StockListComponent implements OnInit {

  public stocks$: Observable<Stock[]>;
  private page = 1;
  constructor(private stockService: StockService,
              private userStore: UserStoreService,
              private router: Router,               ❶
              private route: ActivatedRoute) { }     ❷

  ngOnInit() {
    console.log('Page No. : ',
        this.route.snapshot.queryParamMap.get('page'));   ❸
    this.route.queryParams.subscribe((params) => {        ❹
      console.log('Page : ', params.page);
      this.stocks$ = this.stockService.getStocks();
    });
  }

  nextPage() {
    this.router.navigate([], {
      queryParams: {
```

```
        page: ++this.page                              ❺
      }
    })
  }
}
```

❶　將路由注入建構元

❷　將 ActivatedRoute 注入建構元

❸　從查詢參數 snapshot 讀取頁數

❹　訂閱 queryParams 的改變

❺　增加頁數並導向同一頁

有幾處修改，讓我們逐一檢視：

- 我們加入區域變數 page 並初始化為 1。

- 我們加入 nextPage() 方法，它導向下一頁（使用 router.navigate）。注意我們沒有提供任何命令以保持在同一頁，但只是改變查詢參數。

- 我們在 ngOnInit 中維持 console.log 從 snapshot 讀取。此外，我們訂閱 queryParams 這個可觀察。此訂閱會在 page 改變時觸發，而我們還在同一個元件。

接下來，你可以嘗試下列動作：

- 登入（或重新啟動伺服器再註冊）

- 注意開發者工具控制台，以觀察 snapshot 的初始頁數與可觀察的訂閱被觸發。

- 點擊 "Next page" 按鈕幾次以觀察訂閱被觸發。

無論是訂閱 queryParams 或 params，程式都沒改很多。這在元件載入各種參數而不重新載入元件時很有用。

完成的範例（包括參數、導向、與查詢變數以及基於訂閱的方式）可從 GitHub 的 *chapter11/navigation-and-params* 目錄下載。

路徑保護

接下來討論路徑保護。Angular 的路徑保護是根據你的條件保護載入或卸下路徑的方法。在路徑開啟或關閉之前，路徑保護為你要加入的各種檢查提供了很大的靈活性。這一節會討論三種情況：防止路徑開啟、防止路徑關閉、開啟路徑前載入必要資料。我們會保持範例簡單，但它們可以隨需求擴充。

這一節會使用前面的程式。你可以從 GitHub 的 *chapter11/navigation-and-params* 目錄下載程式。

必須認證的路徑

第一件事是處理前一節看到的問題，也就是沒有登入並嘗試瀏覽 Stock List 元件會看到空頁。我們想要在這種情況下顯示錯誤訊息，並重新導向登入頁以提示使用者要登入。

為此，我們會使用 UserStoreService 指出使用者是否有登入。然後我們以此服務建構認證保護，它會在開啟受保護路徑前介入。認證保護會判斷是否可以繼續，或需要重新導向不同路徑。

首先我們會建構 AuthGuard。你可以使用 Angular 的 CLI（ng g guard guards/auth）。如下修改它產生的檔案（*src/app/guards/auth.guard.ts*）：

```
import { Injectable }        from '@angular/core';
import { CanActivate, Router }      from '@angular/router';
import { UserStoreService } from '../services/user-store.service';
import { Observable } from 'rxjs/Observable';

@Injectable()
export class AuthGuard implements CanActivate {

  constructor(private userStore: UserStoreService,
              private router: Router) {}

  canActivate(): boolean {
    console.log('AuthGuard#canActivate called');

    if (this.userStore.isLoggedIn()) { return true };

    console.log('AuthGuard#canActivate not authorized to access page');
    // 儲存目前路徑並重新導回
    // 儲存在服務，加入查詢參數
    this.router.navigate(['login']);
```

```
      return false;
    }
  }
```

AuthGuard 類別很簡單，外觀與行為都像是 Angular 的服務。從服務看起來很簡單，但讓我們逐一討論：

- 我們實作 Angular 的路由模組的 CanActivate 介面。

- 我們將 UserStoreService 與 Router 注入建構元。

- 然後我們實作 canActivate 方法。CanActivate 方法回傳 boolean 或 Observable<boolean>。若為 true，則路徑會啟用，否則路徑不會開啟。

- 我們在 canActivate 檢查 UserStoreService 以判斷使用者是否有登入。若無則重新導向 Login 頁並回傳 false。

有必要時可在最後一個步驟加上自訂邏輯。舉例來說，我們可以保存嘗試要開啟的 URL。使用者成功登入後，我們可以重新導向儲存的 URL 而不是預設路徑。

我們還可以存取新啟動的路徑，以及用 snapshot 作為 canActivate 方法的參數，以便我們需要存取任何路徑或特定 URL 值以做出決定。

範例中另一件要注意的事是我們依靠非同步狀態來決定是否要繼續。但如前述，canActivate 也可以回傳可觀察或 promise，因此你會發出伺服器呼叫以決定是否要繼續。Angular 在決定是否應啟動路徑前會等待伺服器回傳。

要確保在繼續前連結 AppModule 中的服務。這在你使用 Angular 的 CLI 時也是必要的，因為應用程式中有多個模組。

接下來，讓我們連結 AuthGuard 與路由。如下修改 *src/app-routes.module.ts* 檔案：

```
/** 匯入不變，省略 **/
import { AuthGuard } from './guards/auth.guard';

const appRoutes: Routes = [
  { path: '', redirectTo: '/login', pathMatch: 'full' },
  { path: 'login', component: LoginComponent },
  { path: 'register', component: RegisterComponent },
  { path: 'stocks/list', component: StockListComponent,
    canActivate: [AuthGuard] },                        ❶
  { path: 'stocks/create', component: CreateStockComponent,
```

```
    canActivate: [AuthGuard] },                      ❷
  { path: 'stock/:code', component: StockDetailsComponent,
    canActivate: [AuthGuard] },                      ❸
  { path: '**', redirectTo: '/register' }
];

/** 程式不變，省略 **/
export class AppRoutesModule { }
```

❶　將 AuthGuard 加入 StockListComponent

❷　將 AuthGuard 加入 CreateStockComponent

❸　將 AuthGuard 加入 StockDetailsComponent

我們對這三個股票路徑加入另一個路徑定義鍵。我們加入 canActivate 鍵，它取用一個保護的陣列。我們只有 AuthGuard，因此作為陣列唯一的元素傳入。因此，只有加入 CanActivate 的路徑會使用此保護，其他則會繼續正常運作。

執行應用程式前，要確保 AuthGuard 掛在 AppModule 的提供方，ng generate guard 並沒有做到這一點。*src/app.module.ts* 檔案應該像這樣：

```
/** 其他匯入不變，省略 **/
import { AuthGuard } from './guards/auth.guard';

@NgModule({
  /** 匯入與宣告不變 **/
  providers: [
    /** 其他服務不變 **/
    AuthGuard,                          ❶
    {
      provide: HTTP_INTERCEPTORS,
      useClass: StockAppInterceptor,
      multi: true,
    }
  ],
  bootstrap: [AppComponent]
})
export class AppModule { }
```

❶　將 AuthGuard 加入 providers 清單

此時執行應用程式應該會看到，直接瀏覽股票清單或建構股票頁被重新導向 Login 頁。你可以從網頁開發控制台記錄確認保護發生作用。

防止卸下

如同防止載入路徑，我們也可防止卸下路徑。canDeactivate 是防止使用者瀏覽其他頁時流失資料，或自動在使用者瀏覽其他頁時儲存資料最常見的方式。canDeactivate 的其他用途包括記錄與分析。

此範例同樣會保持簡單以展示重點，但你可以擴充它。我們會在使用者離開 CreateStockComponent 時進行提示。你可以在提示前檢視表單狀態，看看是否有異動以使它更聰明。

建構 CreateStockDeactivateGuard（同樣的，你可以選擇手動或使用 Angular 的 CLI）。不要忘記將它登記在 AppModule 的 providers 陣列中，然後如下修改服務內容：

```
import { Injectable } from '@angular/core';
import { CanDeactivate, ActivatedRouteSnapshot, RouterStateSnapshot }
    from '@angular/router';
import { CreateStockComponent }
    from '../stock/create-stock/create-stock.component';
import { Observable } from 'rxjs/Observable';

@Injectable()
export class CreateStockDeactivateGuard
        implements CanDeactivate<CreateStockComponent> {       ❶

  constructor() { }

  canDeactivate(component: CreateStockComponent,              ❷
                currentRoute: ActivatedRouteSnapshot,        ❸
                currentState: RouterStateSnapshot,           ❹
                nextState?: RouterStateSnapshot):            ❺
                    boolean | Observable<boolean> | Promise<boolean> {
    return window.confirm('Do you want to navigate away from this page?');
  }
}
```

❶   為 CreateStockComponent 實作 CanDeactivate 介面

❷   傳給 canDeactivate 方法的 CreateStockComponent 實例

❸   傳給 canDeactivate 方法的 ActivatedRoute snapshot

❹   傳給 canDeactivate 方法的導向狀態 snapshot

❺   從目前狀態瀏覽的下一個狀態

我們的 CanDeactivate 與 CanActivate 有點不同,最重要的原因是停用動作是在現有的元件的背景下,因此該元件的狀態對決定該元件或路徑是否可以停用很重要。

此處實作的 CanDeactivate 是針對 CreateStockComponent 的。好處是我們可以從元件存取狀態與方法以做出決定(與範例的做法不同!)。若我們可取得元件的表單狀態,則從這裡存取它並檢查表單是否為 dirty。你也可以參考目前路徑與狀態以及轉換目標做決定。

你可以回傳簡單的 boolean(像我們就是)或回傳轉譯成 boolean 的可觀察或 promise,而 Angular 會在做出決定前等待此非同步行為完成。

接下來讓我們將此保護接上 AppRoutesModule:

```
/** 匯入不變,省略 **/
import { CreateStockDeactivateGuard }
    from './guards/create-stock-deactivate.guard';

const appRoutes: Routes = [
  { path: '', redirectTo: '/login', pathMatch: 'full' },
  { path: 'login', component: LoginComponent },
  { path: 'register', component: RegisterComponent },
  { path: 'stocks/list', component: StockListComponent,
    canActivate: [AuthGuardService] },
  { path: 'stocks/create', component: CreateStockComponent,
    canActivate: [AuthGuardService],
    canDeactivate: [CreateStockDeactivateGuard] },      ❶
  { path: 'stock/:code', component: StockDetailsComponent,
    canActivate: [AuthGuardService] },
  { path: '**', redirectTo: '/register' }
];

/** 程式不變,省略 **/
export class AppRoutesModule { }
```

❶ 將 CreateStockDeactivateGuard 加入建構股票路徑

我們在 stocks/create 路徑加入另一個保護(canDeactivate,並接上 CreateStockDeactivate GuardService 作為陣列中唯一的元素。

要確保你將新的保護接上 AppModule,並如同其他保護以 providers 陣列登記。若不是以 Angular 的 CLI 自動加入,則不要忘記將新服務或保護加入。

這麼做之後，你可以執行應用程式。登入並瀏覽建構股票頁，然後點擊任何連結。此時，你應該會看到是否真的要離開的確認。點擊 "No" 應該會留在同一頁，點擊 "Yes" 則會離開。

同樣的，要記得你可以讓邏輯更複雜。你必須發出伺服器呼叫以保存資料然後離開嗎？你可以任意修改保護。唯一要注意的是手動修改 URL 時不會被檢查到。它只會檢查應用程式中的導向。

通用的 *CanDeactivate* 保護？

前面看到針對元件的 CanDeactivate，我們在 canDeactivate 方法中取得該元件的實例。我們可以建構通用的保護嗎？

答案是可以。一種常見的技巧是建構介面（例如 Deactivateable Component），加上一個回傳 boolean、Promise<boolean>、或 Observable <boolean> 的方法（例如 canDeactivate）。

然後我們建構以 canDeactivate 的回傳值決定是否停用的 CanDeactivate <DeactivateableComponent>。需要此保護的元件只需實作此介面，然後你就可以重複使用此保護。

同樣，這僅適用於少數情況，主要是如果你有多個元件需要決定是否可以停用，但所有情況都不同。

使用 Resolver 預先載入資料

最後是如何在啟用一個路徑前預先載入資料。有時候我們想要在元件載入前發出伺服器呼叫以取得資料。同樣的，我們會想要在開啟元件前檢查資料是否存在。在這種情況下，在元件之前嘗試取得資料是合理的。在 Angular 中，我們使用 Resolver 提前取得資料。

讓我們用一個範例示範 Resolver 如何運作與如何實作。假設我們想要在開啟股票細節前取得股票資料。這也可以讓我們在開啟股票細節元件前檢查特定股票代號是否存在。

要這麼做，我們會使用 Resolver。使用 Angular 的 CLI 或手動建構 StockLoadResolver，
如下修改內容：

```
import { Injectable } from '@angular/core';
import { StockService } from './stock.service';
import { Resolve, ActivatedRouteSnapshot, RouterStateSnapshot }
  from '@angular/router';
import { Stock } from '../model/stock';
import { Observable } from 'rxjs/Observable';

@Injectable()
export class StockLoadResolverService implements Resolve<Stock> {

  constructor(private stockService: StockService) { }

  resolve(route: ActivatedRouteSnapshot,
          state: RouterStateSnapshot):
              Stock | Observable<Stock> | Promise<Stock> {
    const stockCode = route.paramMap.get('code');
    return this.stockService.getStock(stockCode);
  }
}
```

Resolver 實作 Resolve 介面，具有型別。此例中，我們建構回傳個別股票的 Resolver。
我們將此 StockService 注入建構元然後實作 resolve 方法。我們可以存取路徑與狀態，
這讓我們能從 URL 取得參數資訊。

在 resolve 中，我們從 URL 載入 stockCode，然後以 stockCode 發出 getStock 伺服器呼叫
以回傳 Observable<Stock>。這就是 Resolver 要做的事。

要確保你將它接上 AppModule 並如同其他保護以 providers 陣列登記。

接下來將它接上 AppRoutesModule：

```
/** 匯入不變，省略 **/
import { StockLoadResolverService } from './resolver/stock-load-resolver.service';

const appRoutes: Routes = [
  { path: '', redirectTo: '/login', pathMatch: 'full' },
  { path: 'login', component: LoginComponent },
  { path: 'register', component: RegisterComponent },
  { path: 'stocks/list', component: StockListComponent,
    canActivate: [AuthGuardService] },
  { path: 'stocks/create', component: CreateStockComponent,
    canActivate: [AuthGuardService],
```

```
    canDeactivate: [CreateStockDeactivateGuardService] },
  { path: 'stock/:code', component: StockDetailsComponent,
    canActivate: [AuthGuardService],
    resolve: { stock: StockLoadResolverService } },        ❶
  { path: '**', redirectTo: '/register' }
];

/** 程式不變，省略 **/
export class AppRoutesModule { }
```

❶ 將 resolver 加入股票細節路徑

同樣的，這個檔案只有改一行。我們對 stock/:code 路徑加上一個 resolve 鍵，它是個物件。對該物件的鍵，我們對應到一個 Resolver 實作。此例中，我們只使用 StockLoadResolverService 取得 stock。這是必須進行的工作的一部分，它確保預先取得特定代號的股票（根據 URL）。

接下來，讓我們看看如何修改 StockDetailsComponent，以使用預先取得的資訊而非自己發出伺服器呼叫：

```
import { Component, OnInit } from '@angular/core';
import { StockService } from '../../services/stock.service';
import { ActivatedRoute } from '@angular/router';
import { Stock } from '../../model/stock';

@Component({
  selector: 'app-stock-details',
  templateUrl: './stock-details.component.html',
  styleUrls: ['./stock-details.component.css']
})
export class StockDetailsComponent implements OnInit {

  public stock: Stock;
  constructor(private route: ActivatedRoute) { }

  ngOnInit() {
    this.route.data.subscribe((data: {stock: Stock}) => {
      this.stock = data.stock;
    });
  }
}
```

元件主要的修改是排除對 StockService 的相依。相對的,我們使用 ActivatedRoute。在 ngOnInit 中,我們訂閱 ActivatedRoute 上的 data 元素異動。取得的資料可透過用於路徑的鍵(此例中的 stock)存取。我們只需讀取鍵並儲存資料供使用。

你可以將它擴充以事先取得任意資料。完成的範例可從 GitHub 的 *chapter11/route-guards* 目錄下載。

總結

這一章討論 Angular 的導向。我們看到如何設定 Angular 應用程式的 Angular 路由。然後我們討論如何處理不同類型的路徑,與處理必要及選擇性的參數。我們還處理了路徑保護,與確保不會因導向而失去填入表單的資料。

下一章會整合前面討論過的主題,然後討論建構高效能的 Angular 應用程式與如何部署。

練習

以 *chapter11/exercise/starter* 的程式為基礎。安裝與執行 *chapter11/exercise/server* 目錄的伺服器:

```
npm i
node index.js
```

這會啟動一個 Node.js 伺服器以操作產品(類似股票程式)。它顯露下列 API:

- */api/product* 的 GET 可取得產品清單。它也可以用選擇性的參數 q 搜尋產品名稱。

- */api/product/:id* 的 GET 可取得指定 ID 的產品。

- */api/product* 的 POST 加上內容中的產品資訊,可在伺服器上建構產品(當然是在記憶體中;重新啟動伺服器會失去產品)。

- */api/product/:id* 的 PATCH 加上 URL 中的 ID 與內容中的 changeInQuantity 例外,可改變產品數量。

以此 API 進行下列工作：

- 在應用程式中連接路徑。我們想要登入路徑、產品清單路徑、建構產品路徑、與產品細節路徑。路徑的元件與所需的服務已經建構好。

- 只有建構產品的路徑應該以登入保護。

- 產品清單與產品細節路徑與改變數量只能在登人後存取。

- 修改登入流程以記住使用者登入，重新載入網頁後也一樣。

這些要求能以這一章討論過的概念解決。唯一的新功能是記住登入，你必須使用 **localStorage** 或類似的東西擴充服務。完成方案見 *chapter11/exercise/ecommerce*。

第十二章

製作 Angular 應用程式

前面的章節討論了組成 Angular 應用程式的各個部分。我們從基礎開始深入細節，從簡單的元件到路由與伺服器呼叫。這些內容都專注於功能與不同部分的整合。此時你已經能處理 90% 的 Angular 應用程式需求。

這一章討論讓 Angular 應用程式上線。我們會討論部署 Angular 應用程式時要知道的事情，以及其他你沒想到的事情。我們會討論如何建構要上線的 Angular 應用程式、如何減少大小、如何改善效能，以及 SEO 等主題。

上線建置

前面在執行應用程式時，我們通常以 Angular 的 CLI 執行：

```
ng serve
```

這會執行 Angular 編譯器，並以 Angular 的 CLI 的內部伺服器執行你的 Angular 應用程式。你可以用 build 命令產生上線的檔案。此命令很簡單：

```
ng build
```

它會在 *dist/* 目錄產生編譯過的檔案。你可以複製這個目錄下的所有檔案到 HTTP 伺服器上執行。但你不應該這麼做！此預設建置產生的東西沒有最佳化，會使應用程式載入與執行（相對）緩慢。Angular 可建置最佳化版本應用程式，因此讓我們看看要怎麼做。

上線建置

建構更好的版本最簡單的做法是使用 prod 旗標。你可以這麼執行：

```
ng build --prod
```

它會做幾件事：

建置

撰寫程式時，我們會將檔案分開以方便讀取、管理、與更新。但要瀏覽器載入 1000 個檔案比載入 4 或 5 個檔案沒效率。Angular 的 CLI 可將應用程式與函式庫檔案打包成幾個檔案，以讓瀏覽器更快載入。注意打包在有或沒有 --prod 旗標時都會進行。

縮小

空白與縮排等東西對開發者很有用，但瀏覽器與系統不在乎。縮小是刪除空白的程序。--prod 旗標會進行縮小來節省空白。

醜化

--prod 旗標也會醜化程式碼，將可讀的變數與函式名稱縮小成兩或三個字元，以節省空間。整個程式會更有效率並更小。

AOT

稍後會討論 AOT（Ahead-of-Time）編譯，但長話短說，AOT 編譯就是刪除無用路徑以進一步減小程式碼的大小。

以上線模式執行 *Angular*

使用 ng serve 執行 Angular 時（或沒有加上 prod 旗標），Angular 函式庫會在繪製 UI 時進行一些檢查。你可將它們視為輔助輪，用以確保不會違反 Angular 的模式。這些檢查會增加繪製的時間，因此建議在上線建置中關掉。--prod 會幫你關掉。

死程式消除

你有時候會不小心匯入某個模組但最後完全沒有用到。建置程序會刪除沒有用到或參考的模組，以減小打包的大小。

之後你會從 *dist* 目錄取得必須部署的檔案，它們各依內容有個雜湊值。這在大部分情況下是相當好的建置。

提前（AOT）編譯與建置最佳化程序

前面稍微提到提前編譯。從 Angular 的 CLI 的 1.5 版開始此模式，就是預設的上線建置模式。

Angular 應用程式使用所謂的即時（JIT）編譯，在瀏覽器執行前即時編譯應用程式。這也是使用 ng serve 或 ng build 執行 Angular 應用程式時的預設。

Angular 在上線模式使用 AOT 編譯，這表示 Angular 盡可能在事前編譯。因此，在應用程式送到瀏覽器時已經編譯與最佳化，所以瀏覽器可以快速的繪製與執行應用程式。

此外，編譯過程中，所有 HTML 模板與 CSS 都包在應用程式中，因此無需以非同步請求載入。

建置打包還會大幅降低大小，約佔 Angular 函式庫一半大小的 Angular 編譯器可略過。編譯器執行的模板檢查與連結等可於編譯時完成，因此能在應用程式部署前捕捉它們。

建置最佳化程序是 Angular 團隊引入的外掛，用於進一步的最佳化。它專注於刪除修飾詞，以及與最終建置無關的其他程式碼。它只在 AOT 運作，因此不會在非 AOT 建置中運作。從 Angular 的 CLI 的 1.5 版開始此模式，就是預設的上線建置模式。

更多 AOT 編譯器與其選項的資訊見 Angular 官方文件（*https://angular.io/guide/aot-compiler*）。

因此，除非有很強烈的理由（通常沒有），建置時最好使用 AOT，它產生最佳化的建置與需要最少的額外工作。

基底路徑

建置與部署單頁應用程式時還要考慮上線的位置。若應用程式放在根網域（例如 *http://www.mytestpage.com*）則預設值就行。

但在其他狀況下，應用程式不是放在根網域（例如 *http://www.mytestpage.com/app*），則修改 *index.html* 中的 <base> 標籤很重要。

HTML 的 base 標籤負責設置應用程式的相對 URL 的基底路徑。這包括 CSS 樣式檔案、JavaScript、函式庫、圖片等。

以應用程式放在 *http://www.mytestpage.com/app* 為例,讓我們看看 base 標籤有什麼影響:

1. 假設我們沒有 `<base>` 標籤,或標籤是 `<base href="/">`。在這種情況下,若腳本標籤是 `<script src="js/main.js">`,則瀏覽器會發出 *http://www.mytestpage.com/js/main.js* 的請求。

2. 假設 base 標籤是 `<base href="/app">` 。在這種情況下,若腳本標籤是 `<script src="js/main.js">`,則瀏覽器會發出 *http://www.mytestpage.com/app/js/main.js* 的請求。

如你所見,第二個請求是對的,並能確保圖片與腳本正確載入。

這對 Angular 應用程式有什麼影響?使用 Angular 的 CLI 建置 Angular 應用程式時,我們可以指定或覆寫 base 的值。與前面的範例來說,我們可以如下建構應用程式:

```
ng build --base-href /app/
```

這會確保產生的 *index.html* 具有正確的 base 標籤。

部署 Angular 應用程式

更多建置與部署 Angular 應用程式選項見 Angular 的 CLI 的 wiki(*https://github.com/angular/angular-cli/wiki/build*)。

但要部署最高效能的 Angular 應用程式,前面討論過的選項就涵蓋大部分的情況。此時已經有了 *dist/* 目錄(除非你覆寫預設值)與產生的檔案。它們各依內容有個雜湊值。

此時你應該可以複製整個目錄到伺服器(無論是 nginx、Apache、或其他),並開始提供你的 Angular 應用程式。只要提供完整的目錄,且基底路徑(如前一節所述)是正確的就應該沒問題。下一節會討論其他考量,包括快取與深連結等,但基本上這樣就可以。

其他考量

前面討論過如何部署到伺服器並開始運作。這一節會深入討論如何確保高效能或正確運作的特定考量。

快取

首先要看的是快取。這一節特別針對前端程式碼的快取而非 API 回應的快取。也就是說，如何快取 *index.html*、JS 檔案與 CSS 檔案、與快取應該保存多久。

建置時，注意產生的檔案（除了 *index.html* 外）的檔名有個雜湊值（例如 *inline.62ca64ed6c08f96e698b.bundle.js*）。此雜湊值依檔案內容產生，因此若檔案內容被改過，則檔名的雜湊值也會改！還有，產生的 *index.html* 指向這些檔案並載入為腳本或樣式。

這提供瀏覽器快取這些檔案的機制。基本快取規則是：

- 絕不在瀏覽器快取 *index.html* 檔案。這表示要在伺服器上將 *index.html* 的 Cache-Control 標頭設定為 no-cache、no-store、must-revalidate。注意這只適用於 *index.html* 檔案而非其他檔案。*index.html* 檔案很小，有必要時可以很快的檢驗。

- 盡可能快取其他檔案，例如 JavaScript 與 CSS 檔案。同樣的，由於這些檔案會改變，我們可以確保沒有快取的 *index.html* 會載入正確的檔案。這些檔案可以無限期的留在快取中。如此能確保後續載入的效能，這些檔案可以從快取讀取。

接下來，讓我們討論一些使用情境以顯示快取策略如何處理：

新使用者，第一次載入

新使用者第一次載入時，瀏覽器會從伺服器請求 *index.html*。伺服器回傳，然後瀏覽器處理 *index.html*。然後瀏覽器根據它要求的檔案，對伺服器請求樣式與腳本檔案。由於是第一次請求，沒有資料是快取住的，因此檔案都來自伺服器。最後，應用程式在檔案都載入後開始執行。

重複使用者，第二次載入

使用者第二次執行應用程式時，瀏覽器會再從伺服器請求 *index.html*。這是因為 *index.html* 根據 Cache-Control 標頭沒有被快取住。伺服器會回傳最新的 *index.html* 內容，它還沒有改過。接下來瀏覽器檢查腳本與樣式檔案也沒有改過。這些檔案已經被瀏覽器快取。因此，瀏覽器無需向伺服器請求它們而是從本機快取載入。我們的應用程式在載入 *index.html* 後幾乎就立即執行。

新使用者，網站更新後，第一次載入

新使用者在網站更新後第一次載入動作，與新使用者第一次載入相同。

重複使用者，網站更新後，第二次載入

在這種情況下，使用者已經造訪過網站並在瀏覽器快取住腳本與樣式。更新網站後造訪網站時，第一個動作不變。瀏覽器會向伺服器請求 *index.html*。伺服器會回傳新版的 *index.html*，它指向新版的腳本與樣式。之後瀏覽器嘗試載入這些檔案時，它會發現快取中沒有新版的腳本與樣式（因為檔名雜湊值改了）。它會向伺服器請求這些檔案，因此流程非常像使用者第一次造訪。

因此，我們發現這種快取機制同時確保盡可能的快取，且不會在更新網站時損害使用者體驗。

API/ 伺服器呼叫與 CORS

第二個主題是如何設置應用程式，使它可以成功的發出伺服器呼叫。瀏覽器因安全性不允許網頁應用程式對其他網域發出非同步呼叫（包括子網域）。因此，在 *www.mytestpage.com* 執行的網頁應用程式，不能對 *www.mytestapi.com* 或 *api.mytestpage.com* 發出 AJAX 呼叫。

我們可以在開發時讓 Angular 的 CLI 使用代理（還記得 `ng serve --proxy proxy.config.json` 嗎？）。代理確保請求會對同一個伺服器（與網域）發出，然後它負責對真正的 API 伺服器呼叫。

上線部署應用程式時，你也必須做類似的設定。也就是伺服器會收到 API 呼叫，然後負責對真正的 API 伺服器呼叫。

最終伺服器的行為如圖 12-1 所示。

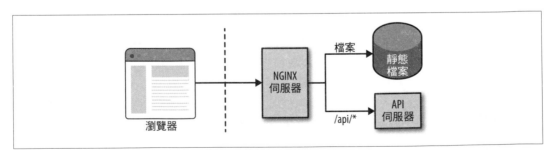

圖 12-1　網頁應用程式的端對端架構

我們以 NGINX 為例，但將它換成 Apache 或 IIS 也是一樣。我們將請求導向 API 伺服器（*/api/*），而靜態檔案來自我們的 Angular 應用程式。

若不能這麼做（無論是什麼原因），則還可以修改我們的伺服器。我們可以開啟伺服器的 Cross-Origin Resource Sharing（CORS），讓不同來源（網域或子網域）的網頁以額外的標頭要求 API 伺服器回應：

```
Access-Control-Allow-Origin: *
```

你也可以限制標頭只能請求特定來源而非上面這樣。這麼做之後，你可以讓你的網頁應用程式直接對 API 伺服器發出請求。更多 CORS 資訊見這裡（*https://en.wikipedia.org/wiki/Cross-origin_resource_sharing*），如何設定伺服器見這裡（*https://enable-cors.org/server.html*）。

不同環境

另一個常見的應用程式建置需求是不同環境的不同組態。舉例來說，用戶端追蹤函式庫可能有不同的 API 鍵，或測試與上線環境的伺服器 URL 不同。

在這種狀況下，你可以使用 Angular 的環境概念。預設上，使用 Angular 的 CLI 建構 Angular 應用程式時，它會建構 *src/environments* 目錄，每個環境一個檔案。預設上，Angular 的 CLI 讓應用程式可存取 *environment.ts* 檔案中的屬性。你可以如下執行 Angular 來覆寫：

```
ng serve --env=prod
```

如此執行時，它會使用傳給 --env 旗標的值，並載入相對應的環境檔案。在這種狀況下，它會開啟 *environment.prod.ts* 檔案。

在應用程式中，你可以匯入主要的環境檔案，而 Angular 會根據旗標取得正確的屬性：

```
import { environment } from './environments/environment';
```

處理深連結

最後是深連結支援。我們已經在第 11 章看過如何在 Angular 應用程式中開啟路由。部署 Angular 應用程式後,你可能會注意到有些東西怪怪的。瀏覽應用程式的基底路徑時,你的伺服器會提供 *index.html*,而應用程式會正常運行。但若嘗試直接連結應用程式的路徑,它可能會有問題。

這是因為伺服器對 Angular 應用程式的靜態檔案的設定。讓我們深入看看發生了什麼事:

1. 若你請求基底路徑,伺服器會轉譯並提供 *index.html*。這也會載入相關腳本與樣式,並啟動 Angular 應用程式。

2. 然後,應用程式中的連結會被 Angular 攔截,由 Angular 提供該路徑的相關內容。因此雖然瀏覽器的路徑改變,但實際上沒有向伺服器請求新的路徑。它的行為就是單頁應用程式應該有的行為。

3. 若想要直接開啟特定路徑,從瀏覽器輸入該路徑,則瀏覽器會向伺服器發出請求。除非你有正確的設定伺服器,否則它不會找到任何相符的 URL(伺服器路徑)。因此它無法提供內容並產生 **404** 頁(或你設定的內容)。

要解決這個問題,你必須設定伺服器依優先順序如下回應:

1. 識別所有 API 請求與真正的後台伺服器。保持 API 請求的一般路徑,以便代理的一致與優先(舉例來說,API 請求總是以 /api 開頭)。

2. 找出並提供靜態檔案(例如 JS、CSS 檔案或其他檔案)。

3. 以 *index.html* 檔案提供給請求,或以 *index.html* 找出所有路徑(除了基底 / 路徑外)。

在 NGINX 伺服器上的做法是,在找不到檔案時使用 try_files 直接提供 *index.html*。

如上設定伺服器後,深連結路徑最終會找到最後一種並提供 *index.html*。*index.html* 載入且 Angular 啟動後,Angular 會處理其餘的路徑,並根據瀏覽器路徑載入內容。

> 要確保 base 標籤正確設定以便網頁找到從何處載入靜態檔案。否則在伺服器正確設定情況下,Angular 應用程式還是不能運作。

NGINX、Apache、IIS 等不同伺服器的組態設定資訊見 Angular 官方文件（*https:// angular.io/guide/deployment#routed-apps-must-fallback-to-indexhtml*）。

懶載入

第 11 章討論 Angular 的路由時稍微提到懶載入。看過 Angular 應用程式的路由概念就可能會知道，並非所有路徑都需要載入。

一種常見的提高效能並減少載入時間的技術是在初始請求嘗試最小載入，將其餘的載入推遲到有需要時。我們可以利用 Angular 的路由與所謂的子路徑實現。

此技術總而言之是這樣：

1. 相較於事前定義所有路徑，我們將應用程式分成小模組，並分別定義自治的單元。

2. 相對應元件只登記在子模組層級，而不登記在應用程式層級。

3. 將這些路徑在個別模組中登記為子路徑。

4. 在應用程式層級改變路徑，以指向新模組的特定子路徑而非個別路徑。

接下來，執行應用程式時，Angular 只會載入部分程式，在我們瀏覽執行路徑時才載入其餘模組。

讓我們將前面的應用程式轉換成懶載入應用程式。要轉換的程式可從 *chapter11/route-guards* 下載。進入細節前先讓我們討論需要做的改變：

- 我們會建構兩個新模組，`UserModule` 與 `StockModule`。`UserModule` 具有登入與註冊元件與其路徑。`StockModule` 具有建構股票相關的元件與路徑。注意我們會讓服務保持登記在父層級中，但你可以進一步將它們拆開到相關模組中。

- 我們會重新定義路徑以讓相關路徑分群。所以登入與註冊會移到 `user` 路徑下，股票路徑會移到 `stock` 路徑下。這也表示應用程式中的重新導向與導向必須改指向新 URL。

- 最後，我們會修改 `AppModule` 與路徑使用懶路由，並只登記相關元件與服務。

讓我們逐條檢視這些修改與相關程式碼。

首先，我們產生兩個新模組與相對應的路由模組：

```
ng generate module stock --routing
ng generate module user --routing
```

這會產生下列四個檔案：

- *src/app/stock/stock.module.ts*

- *src/app/stock/stock-routing.module.ts*

- *src/app/user/user.module.ts*

- *src/app/user/user-routing.module.ts*

接下來看看如何修改各個檔案以設置應用程式的懶載入。首先，我們修改 *user-routing.module.ts* 檔案：

```
import { NgModule } from '@angular/core';
import { Routes, RouterModule } from '@angular/router';
import { LoginComponent } from './login/login.component';
import { RegisterComponent } from './register/register.component';

const routes: Routes = [
  { path: 'login', component: LoginComponent },
  { path: 'register', component: RegisterComponent },
];

@NgModule({
  imports: [RouterModule.forChild(routes)],
  exports: [RouterModule]
})
export class UserRoutingModule { }
```

我們在 routes 陣列進入登入與註冊兩個路徑。它們從 *app-routes.module.ts* 檔案移過來。還要注意一處變動。之前，登記路徑時，我們登記為 RouterModule.forRoot。現在我們將它們登記為子路徑。這是 Angular 區分父 / 根路徑與子路徑的方式。

如下修改 *user.module.ts*：

```
import { NgModule } from '@angular/core';
import { CommonModule } from '@angular/common';

import { LoginComponent } from './login/login.component';
import { RegisterComponent } from './register/register.component';


import { UserRoutingModule } from './user-routing.module';
import { FormsModule } from '@angular/forms';

@NgModule({
  imports: [
    CommonModule,
    FormsModule,
    UserRoutingModule
  ],
  declarations: [
    LoginComponent,
    RegisterComponent,
  ]
})
export class UserModule { }
```

UserModule 只宣告兩個元件：LoginComponent 與 RegisterComponent。還要注意我們匯入 FormsModule，因為我們使用 ngModel 連結表單。我們沒有在這裡定義服務，因為我們從 AppModule 依靠它們。

stock-routing.module.ts 檔案的修改也類似：

```
import { NgModule } from '@angular/core';
import { Routes, RouterModule } from '@angular/router';
import { StockListComponent } from './stock-list/stock-list.component';
import { AuthGuardService } from 'app/services/auth-guard.service';
import { CreateStockComponent }
    from './create-stock/create-stock.component';
import { CreateStockDeactivateGuardService }
    from 'app/services/create-stock-deactivate-guard.service';
import { StockDetailsComponent }
    from './stock-details/stock-details.component';
import { StockLoadResolverService }
    from 'app/services/stock-load-resolver.service';

const routes: Routes = [
  { path: 'list', component: StockListComponent,
```

```
      canActivate: [AuthGuardService] },
    { path: 'create', component: CreateStockComponent,
      canActivate: [AuthGuardService],
      canDeactivate: [CreateStockDeactivateGuardService] },
    { path: ':code', component: StockDetailsComponent,
      canActivate: [AuthGuardService],
      resolve: { stock: StockLoadResolverService } },
];

@NgModule({
  imports: [RouterModule.forChild(routes)],
  exports: [RouterModule]
})
export class StockRoutingModule { }
```

與 UserRoutingModule 類似，我們只是將股票清單、建構、與細節路徑移到 StockRoutingModule。注意我們拿掉路徑的前綴並保持相對應目前模組。除了填入 routes 陣列外，其他都是自動產生的程式碼。

StockModule 的修改也很簡單：

```
import { NgModule } from '@angular/core';
import { CommonModule } from '@angular/common';

import { StockItemComponent } from './stock-item/stock-item.component';
import { CreateStockComponent } from './create-stock/create-stock.component';
import { StockListComponent } from './stock-list/stock-list.component';
import { StockDetailsComponent } from './stock-details/stock-details.component';


import { StockRoutingModule } from './stock-routing.module';
import { FormsModule } from '@angular/forms';

@NgModule({
  imports: [
    CommonModule,
    FormsModule,
    StockRoutingModule
  ],
  declarations: [
    StockDetailsComponent,
    StockItemComponent,
```

```
    StockListComponent,
    CreateStockComponent,
  ]
})
export class StockModule { }
```

我們匯入 FormsModule 並宣告與股票相關的元件。接下來讓我們在重新定義路徑前，先看看修改後的 AppModule：

```
/** 匯入沒有大改變，省略 **/

@NgModule({
  declarations: [
    AppComponent,
  ],
  imports: [
    BrowserModule,
    HttpClientModule,
    AppRoutesModule,
  ],
  providers: [
    StockService,
    UserService,
    UserStoreService,
    AuthGuardService,
    CreateStockDeactivateGuardService,
    StockLoadResolverService,
    {
      provide: HTTP_INTERCEPTORS,
      useClass: StockAppInterceptor,
      multi: true,
    }
  ],
  bootstrap: [AppComponent]
})
export class AppModule { }
```

主要的改變是 NgModule 的 declarations 陣列。我們移入子模組的所有元件，現已從 AppModule 的宣告中刪除。這些元件會根據路徑在有必要時載入。

然後如下修改 *app-routes.module.ts* 檔案：

```
/** 省略匯入 **/

const appRoutes: Routes = [
  { path: '', redirectTo: 'user/login', pathMatch: 'full' },
  { path: 'stock', loadChildren: 'app/stock/stock.module#StockModule' },
  { path: 'user', loadChildren: 'app/user/user.module#UserModule' },
  { path: '**', redirectTo: 'user/register' }
];

@NgModule({
  imports: [
    RouterModule.forRoot(appRoutes),
  ],
  exports: [
    RouterModule
  ],
})
export class AppRoutesModule { }
```

主要的改變僅在於 appRoutes 陣列。之前，我們在這個檔案定義所有路徑。現在，我們使用 loadChildren 鍵告訴 Angular 這些路徑定義是子模組的一部分。這也表示登入與註冊路徑從 /login 改為 /user/login 等，而股票路徑也是一樣。要確保修改應用程式的所有路徑，特別是下列幾個檔案：

- *register.component.ts* 在註冊後重新導向

- *login.component.ts* 在登入後重新導向

- *app.component.html* 修改所有連結

接下來可以執行此應用程式（要確保啟動 Node.js 伺服器與代理指向）。執行時，開啟瀏覽器的網路工具以檢視發出的請求。建構／註冊一個使用者然後嘗試登入。若有開啟網路工具，你應該會看到如圖 12-2 所示的畫面。

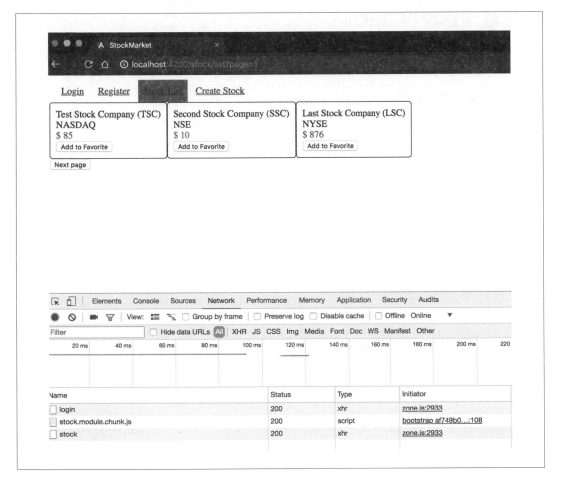

圖 12-2　Angular 的懶載入運作

注意登入時額外的 *stock.module.chunk.js* 載入請求。這是登入時懶載入 StockModule 程式段。

你可以視情況擴充與設定它。你可以只懶載入 StockModule 並總是載入 UserModule，或反過來。這只是你的另一個工具。

完成的範例可從 GitHub 的 *chapter12/lazy-loading* 目錄下載。

懶載入可影響效能並加速大應用程式的初始載入。它也適用於大部分使用者不會載入或開啟的路徑。如前述，在應用程式中實作相當簡單。

伺服器端繪製與 SEO

我們在總結這一節前還要看效能相關的最後一件事。若從瀏覽器載入 Angular 應用程式（或其他單頁應用程式）的第一個請求開始看會像這樣：

1. 對伺服器的基底路徑（例如 *www.mytestpage.com*）發出一個請求。

2. 伺服器回應 *index.html*。

3. 瀏覽器開始載入 *index.html*，然後發出請求載入每個所需的靜態檔案（CSS、JS 等）。

4. 載入所有內容後，Angular 會啟動、解析路徑、載入必要元件。

5. 然後元件會發出伺服器呼叫以取得資料，然後繪製。

此時最終畫面會繪製給使用者。如你所見，繪製畫面前用戶端與伺服器間有多個來回。當然，接下來的導向只發生在元件與其呼叫中，因此前幾個來回會在單頁應用程式的導向中略過。

此來回也讓搜尋引擎最佳化難以處理，因為大部分的搜尋引擎不會在爬網頁時真的繪製與執行 JavaScript（因為各種安全性原因）。因此，通常單頁應用程式中的深連結與路徑不會被正確的編製索引。一種解決方式是索引預先繪製（*https://github.com/prerender/prerender*），它可以在伺服器上的 PhantomJS 繪製應用程式，並提供繪製後的 HTML 給搜尋引擎。

但 Angular 還有另一種方式：在伺服器端繪製應用程式。我們可以使用 Angular Universal（*https://angular.io/guide/universal#angular-universal-server-side-rendering*）等工具。在這種方式下，我們繪製 Angular 應用程式以服務初始請求，然後在用戶端啟動 Angular 並接手其餘工作。因此，初始請求不需來回，而後續請求的行為還是像單頁應用程式一樣。它也可以減少延遲，因為使用者會在載入其餘函式庫時立即收到所需資訊。

這一節不會深入 Angular 的實作細節，而是專注於如何整合運作。讓我們看看如何讓前面的 Angular 應用程式，變成可在用戶端與伺服器端平順執行的 Angular Universal 應用程式。

Angular Universal 才剛開始，因此整合時會遇到很多問題，特別是並用第三方函式庫與元件時。線上教材常常過時、不完整、或不能用，因為它還在開發且會突然改變。

我們會使用 *chapter11/routing-guard* 的程式，並加上伺服器端繪製功能。基本上要加入五個新檔案以讓 Angular Universal 運行：

- 伺服器應用程式的啟動程序（*main.server.ts*）
- 伺服器的 TypeScript 組態（*tsconfig.server.json*）
- 伺服器端應用程式的模組（*app.server.module.ts*）
- 提供應用程式程式碼的精簡網頁伺服器（*server.ts*）
- 定義建置如何進行的伺服器組態（*webpack.server.config.js*）

此外，我們還會修改其他幾個檔案。

相依性

我們需要幾個 Angular 平台函式庫與框架來開始。我們必須安裝下列 npm 套件：

@angular/platform-server

它提供 Angular 伺服器端元件，以於伺服器執行與繪製我們的應用程式。

@nguniversal/module-map-ngfactory-loader

對路徑使用懶載入時，我們使用此工廠載入程序，在伺服器端繪製程序的背景下懶載入路徑。

@nguniversal/express-engine

與 Angular Universal 整合並繪製應用程式的精簡引擎。

ts-loader

將伺服器端應用程式轉譯成 JavaScript，並使用 Node.js 執行的 TypeScript 載入程序。

你可以使用下列命令安裝它們：

```
npm install --save @angular/platform-server
                   @nguniversal/module-map-ngfactory-loader
                   ts-loader@3.5.0 @nguniversal/express-engine
```

這會安裝與儲存這些相依性到你的 *package.json* 中。注意我們安裝指定版本的 `ts-loader`，因為函式庫有個與 Angular Universal 應用程式互動的 bug（*https://github.com/angular/angular-cli/issues/9783*）。

修改

第一件事是修改 AppModule，以接上繪製過的伺服器端 Angular 應用程式。以下面這一行取代 *src/app/app.module.ts* 的 `BrowserModule` 匯入：

```
BrowserModule.withServerTransition({ appId: 'stock-app' }),
```

`appId` 是 Angular 在繪製伺服器端樣式時的參考關鍵字。你可以用其他東西代替。我們也能透過 Angular 取得目前平台（無論 Angular 在伺服器或用戶端執行）的執行期資訊與 `appId`。我們可以將下列建構元加入 AppModule：

```
import { NgModule, Inject, PLATFORM_ID, APP_ID } from '@angular/core';
import { isPlatformBrowser, APP_BASE_HREF } from '@angular/common';

@NgModule({
/** 省略 **/
  providers: [
     /** 省略常見部分 */
     {provide: APP_BASE_HREF, useValue: ''}
  ]
})
export class AppModule {

 constructor(
     @Inject(PLATFORM_ID) private platformId: Object,
     @Inject(APP_ID) private appId: string) {
   const platform = isPlatformBrowser(platformId) ?
      'in the browser' : 'on the server';
   console.log(`Running ${platform} with appId=${appId}`);
 }
}
```

isPlatformBrowser 是有用的檢查，你可以用於其他背景，以選擇開啟 / 關閉應用程式中的特定流程與功能。預先載入、快取、或其他只用於瀏覽器的流程，可使用 isPlatform Browser 判斷。

下一個主要改變是發出 HTTP 呼叫的 URL。在瀏覽器中，相對 URL 是可以的。但在 Universal 應用程式中，特別是在伺服器端，Angular Universal 的 HTTP 的 URL 必須是絕對的才能正確解析。一種做法（我們會這麼做）是使用可注入服務的 APP_BASE_HREF。在瀏覽器的背景下，它是我們定義的，在伺服器中，它會有整個 URL。另一種方式是使用 isPlatformBrowser 檢查並改變 URL。因此在瀏覽器專屬的流程中，我們在主模組設定 APP_BASE_HREF 的值為空字串。

我們會如下在 *stock.service.ts* 檔案中使用 APP_BASE_HREF：

```
import { Injectable, Optional, Inject } from '@angular/core';
import { APP_BASE_HREF } from '@angular/common';

/** 省略其餘匯入 */

@Injectable()
export class StockService {

  private baseUrl: string;

  constructor(private http: HttpClient,
              private userStore: UserStoreService,
              @Optional() @Inject(APP_BASE_HREF) origin: string) {
    this.baseUrl = `${origin}/api/stock`;
  }

  getStocks() : Observable<Stock[]> {
    return this.http.get<Stock[]>(this.baseUrl);
  }

  /** 省略其他部分 */
}
```

我們也會修改 *user.service.ts* 檔案，這個部分就省略。若不確定可以參考完成的範例。

伺服器端其他事項

接下來看看讓應用程式在伺服器端執行的其他事項。我們先從與 AppModule 平行的
AppServerModule（在 *src/app/app.server.module.ts*）開始，它用於伺服器端：

```
import { NgModule } from '@angular/core';
import { ServerModule } from '@angular/platform-server';
import { ModuleMapLoaderModule } from '@nguniversal/module-map-ngfactory-loader';

import { AppModule } from './app.module';
import { AppComponent } from './app.component';
import { APP_BASE_HREF } from '@angular/common';

@NgModule({
  imports: [
    AppModule,
    ServerModule,
    ModuleMapLoaderModule
  ],
  providers: [
    // 僅用於 Universal
    {provide: APP_BASE_HREF, useValue: 'http://localhost:4000/'}
  ],
  bootstrap: [ AppComponent ],
})
export class AppServerModule {}
```

注意我們將原來的 AppModule 匯入 AppServerModule，然後加入 Angular 的 ServerModule，
從 ModuleMapLoaderModule 以處理懶載入路徑。我們還是啟動 AppComponent。我們在
providers 設定 Universal 專屬的提供方，它是伺服器專屬的服務。此例中，我們確保
APP_BASE_HREF 的值是絕對路徑，使伺服器可發出正確的請求。

我們還會建構平行的 *main.server.ts*，它負責伺服器端 Angular 應用程式的進入點。以下
列內容建構 *src/main.server.ts*：

```
export { AppServerModule } from './app/app.server.module';
```

現在我們已經準備好建構伺服器。範例使用 Node.js 伺服器，Angular Universal 有直接
整合的支援。不一定要知道此伺服器程式的深度。在應用程式的根目錄以下列內容建構
server.ts 檔案：

```
// 重要且要在其他程式之前
import 'zone.js/dist/zone-node';
import 'reflect-metadata';
```

```
import { enableProdMode } from '@angular/core';

import * as express from 'express';
import { join } from 'path';

import * as proxy from 'http-proxy-middleware';


// 快速伺服器繪製與 Prod 模式（dev 模式不需要）
enableProdMode();


// 精簡伺服器
const app = express();

const PORT = process.env.PORT || 4000;
const DIST_FOLDER = join(process.cwd(), 'dist');

// * 注意：保持 require()，因為這個檔案
// 是從 webpack 動態建立的
const { AppServerModuleNgFactory, LAZY_MODULE_MAP } =
    require('./dist/server/main.bundle');

// 精簡引擎
import { ngExpressEngine } from '@nguniversal/express-engine';
// 匯入懶載入的模組 map
import { provideModuleMap } from '@nguniversal/module-map-ngfactory-loader';

app.engine('html', ngExpressEngine({
  bootstrap: AppServerModuleNgFactory,
  providers: [
    provideModuleMap(LAZY_MODULE_MAP)
  ]
}));

app.set('view engine', 'html');
app.set('views', join(DIST_FOLDER, 'browser'));

app.use('/api', proxy({
  target: 'http://localhost:3000',
  changeOrigin: true
}));


// 在 /browser 的伺服器靜態檔案
```

```
app.get('*.*', express.static(join(DIST_FOLDER, 'browser')));

// 一般路徑使用 Universal 引擎
app.get('*', (req, res) => {
  res.render(join(DIST_FOLDER, 'browser', 'index.html'), { req });
});

// 啟動 Node 伺服器
app.listen(PORT, () => {
  console.log(`Node server listening on http://localhost:${PORT}`);
});
```

前面的伺服器是簡單、不安全的網頁伺服器，但在伺服器端繪製你的 Angular 應用程式。同樣的，在上線前要加上安全性與認證檢查。

我們做了一些假設以讓整個程序容易了解。主要是：

- 伺服器使用 ngExpressEngine 轉換用戶端請求成伺服器繪製的網頁。我們將它傳給我們寫的 AppServerModule，它作為伺服器端繪製應用程式與我們的網頁應用程式間的橋梁。

- 我們必須找出哪些請求要求資料，哪些要求靜態檔案，哪些是 Angular 路徑。

- 我們預期所有 /api/* 路徑是 API/ 資料路徑且未完成。

- 我們還預期有副檔名的請求是靜態檔案，並從預先定義的目錄提供靜態檔案。

- 最後，沒有副檔名的請求被視為 Angular 路徑，並使用 ngExpressEngine 繪製 Angular 伺服器端繪製的網頁。

組態

最後討論將它們組合的組態。第一件事是撰寫 TypeScript 的組態，將下列內容加入 *src/tsconfig.server.json*：

```
{
  "extends": "../tsconfig.json",
  "compilerOptions": {
    "outDir": "../out-tsc/app",
    "baseUrl": "./",
    "module": "commonjs",
    "types": []
  },
  "exclude": [
```

```
    "test.ts",
    "**/*.spec.ts"
  ],
  "angularCompilerOptions": {
    "entryModule": "app/app.server.module#AppServerModule"
  }
}
```

我們擴充現有的 *tsconfig.json* 並指出 AppServerModule 是進入點模組。還有，模組必須設定為 commonjs 以讓 Angular Universal 應用程式可以運行。

接下來我們需要 Webpack 的組態編譯伺服器。我們在根目錄加上 *webpack.server.config.js*，它具有下列內容：

```javascript
const path = require('path');
const webpack = require('webpack');

module.exports = {
  entry: { server: './server.ts' },
  resolve: { extensions: ['.js', '.ts'] },
  target: 'node',
  // 這確保引入 node_modules 與其他第三方函式庫
  externals: [/(node_modules|main\..*\.js)/],
  output: {
    path: path.join(__dirname, 'dist'),
    filename: '[name].js'
  },
  module: {
    rules: [{ test: /\.ts$/, loader: 'ts-loader' }]
  },
  plugins: [
    new webpack.ContextReplacementPlugin(
      /(.+)?angular(\\|\/)core(.+)?/,
      path.join(__dirname, 'src'), // src 的位置
      {} // 路由的 map
    ),
    new webpack.ContextReplacementPlugin(
      /(.+)?express(\\|\/)(.+)?/,
      path.join(__dirname, 'src'),
      {}
    )
  ]
};
```

這主要是使 Node.js 的 *server.ts* 編譯成可執行的 JavaScript 程式碼，與改正 Angular 的 CLI 的一些 bug。它也接上我們安裝的 **ts-loader**，使它可以正確的將 TypeScript 轉換成 JavaScript。

我們還需要修改 Angular 的 CLI 的 JSON 組態檔案（*.angular-cli.json*），以依據平台正確的輸出應用程式的程式碼。在 apps 陣列加上下列組態：

```
{
  "platform": "server",
  "root": "src",
  "outDir": "dist/server",
  "assets": [],
  "index": "index.html",
  "main": "main.server.ts",
  "polyfills": "polyfills.ts",
  "test": "test.ts",
  "tsconfig": "tsconfig.server.json",
  "testTsconfig": "tsconfig.spec.json",
  "prefix": "app",
  "styles": [
    "styles.css"
  ],
  "scripts": [],
  "environmentSource": "environments/environment.ts",
  "environments": {
    "dev": "environments/environment.ts",
    "prod": "environments/environment.prod.ts"
  }
}
```

還要順便將 outDir 從 dist 改為 dist/browser。*.angular-cli.json* 中修改過的 apps 陣列如下：

```
"apps": [
  {
    "root": "src",
    "outDir": "dist/browser",
    "assets": [
      "assets",
      "favicon.ico"
    ],
    "index": "index.html",
    "main": "main.ts",
    "polyfills": "polyfills.ts",
    "test": "test.ts",
```

```
        "tsconfig": "tsconfig.app.json",
        "testTsconfig": "tsconfig.spec.json",
        "prefix": "app",
        "styles": [
          "styles.css"
        ],
        "scripts": [],
        "environmentSource": "environments/environment.ts",
        "environments": {
          "dev": "environments/environment.ts",
          "prod": "environments/environment.prod.ts"
        }
      }, {
        "platform": "server",
        "root": "src",
        "outDir": "dist/server",
        "assets": [],
        "index": "index.html",
        "main": "main.server.ts",
        "polyfills": "polyfills.ts",
        "test": "test.ts",
        "tsconfig": "tsconfig.server.json",
        "testTsconfig": "tsconfig.spec.json",
        "prefix": "app",
        "styles": [
          "styles.css"
        ],
        "scripts": [],
        "environmentSource": "environments/environment.ts",
        "environments": {
          "dev": "environments/environment.ts",
          "prod": "environments/environment.prod.ts"
        }
      }
    ],
```

完成後，我們終於可以將可執行腳本加入 *package.json*。在 *package.json* 的 scripts 中加入下列命令：

```
"build:universal":
    "npm run build:client-and-server-bundles && npm run webpack:server",
"serve:universal": "node dist/server.js",
"webpack:server": "webpack --config webpack.server.config.js --progress --colors"
```

接下來應該可以執行我們的 Angular Universal 應用程式。

執行 Angular Universal

執行下列命令以建置我們的 Angular Universal 應用程式：

```
npm run build:universal
```

它會執行與產生伺服器與瀏覽器端的 Angular 應用程式。它在 *dist* 目錄建構 *browser* 與 *server* 兩個目錄。

接下來執行我們的 Angular 應用程式：

```
npm run serve:universal
```

這應該會啟動你的應用程式並讓你從 *http://localhost:4000* 開啟此應用程式。

從瀏覽器開啟這個 URL，打開 Network Inspector 並檢視請求與回應。特別是要注意第一個請求。一般的 Angular 應用程式會看到它回應單純的 *index.html*，它之後會載入相關原始檔並觸發 Angular。

但在此例中，你會看到第一個請求帶有預先載入的路徑內容，而 HTML 模板也被載入。然後 Angular 啟動並開始在背景運作。這在你將速度降為 3G 或以下時更明顯，可以看出 Angular Universal 應用程式與正常 Angular 應用程式間延遲的差異。

完成的程式可從 GitHub 的 *chapter12/server-side-rendering* 目錄下載。

總結

至此我們完成了學習 Angular 的旅程。這一章討論將 Angular 應用程式上線。我們討論了建置與部署，然後深入各種效能考量，包括快取與預先繪製。我們還討論了懶載入與如何將 Angular 應用程式的一部分改為懶載入。

我們只碰觸到 Angular 的表面。還有很多 Angular 的內容沒有討論到，包括建構指令與管道以及進階概念。但前面的內容為你打下堅實的基礎，涵蓋建構應用程式的 80% ～ 90% 常見任務。接下來你應該能建構相當複雜的東西並從官方文件找到其餘部分。

索引

※提醒您：由於翻譯書排版的關係，部分索引名詞的對應頁碼會和實際頁碼有一頁之差。

W

X

關於作者

Shyam Seshadri 是印度 ReStok Ordering Solutions 公司的 CTO，曾經任職於 Amazon 與 Google，並領導 Hopscotch 的工程團隊。他寫過兩本關於 Angular 的書，通曉多種程式設計語言並喜歡開發創新方案。

出版記事

本書封面上的動物是細鱗綠鰭魚（*Chelidonichthys lucerna*）。這種魚是在歐洲和非洲的地中海和大西洋沿岸發現的底層居民。細鱗綠鰭魚也被稱為 sea robin，因為它們的魚鰭的游泳運動類似於飛翔的鳥類（而卡羅來納鋸魴鮄具有橙色腹部）。細鱗綠鰭魚有一種獨特的呱呱叫聲或咕嚕聲，是透過擠壓鰾肌肉而產生的──這種聲音在被漁民抓住時通常會聽到。

細鱗綠鰭魚是最大的輻鰭魚綱鮋形目牛尾魚亞目角魚科物種，多為紅色，帶有一個裝甲頭和大藍色胸鰭。這些魚鰭包含靈敏的類似觸角的刺，可幫助魚類探索海底食物，如小魚、甲殼類動物、腐肉。

在過去，被捕的細鱗綠鰭魚常被丟棄（或作為誘捕龍蝦和螃蟹陷阱的餌）。但隨著其他海洋物種過度捕撈，細鱗綠鰭魚在海鮮中越來越受歡迎。它們的肉質堅實，並且很巧妙地融合在湯和燉菜中，例如馬賽魚湯。

許多歐萊禮叢書封面的動物瀕臨滅絕；它們全部都對這個世界很重要。想知道如何幫助它們請見 *animals.oreilly.com*。

封面圖畫出自 *Meyers Kleines Lexicon*。

Angular 建置與執行

作　　者：Shyam Seshadri

譯　　者：楊尊一

企劃編輯：蔡彤孟

文字編輯：詹祐甯

設計裝幀：陶相騰

發 行 人：廖文良

發 行 所：碁峰資訊股份有限公司

地　　址：台北市南港區三重路 66 號 7 樓之 6

電　　話：(02)2788-2408

傳　　真：(02)8192-4433

網　　站：www.gotop.com.tw

書　　號：A587

版　　次：2018 年 10 月初版

建議售價：NT$580

國家圖書館出版品預行編目資料

Angular 建置與執行 / Shyam Seshadri 原著；楊尊一譯. -- 初版.
-- 臺北市：碁峰資訊, 2018.10
　　面；　　公分
　　譯自：Angular: Up and Running: learning Angular, step by step
　　ISBN 978-986-476-934-6(平裝)
　　1.軟體研發　　2.電腦程式設計
312.2　　　　　　　　　　　　　　　　107016826

讀者服務

● 感謝您購買碁峰圖書，如果您對本書的內容或表達上有不清楚的地方或其他建議，請至碁峰網站：「聯絡我們」\「圖書問題」留下您所購買之書籍及問題。(請註明購買書籍之書號及書名，以及問題頁數，以便能儘快為您處理)
http://www.gotop.com.tw

● 售後服務僅限書籍本身內容，若是軟、硬體問題，請您直接與軟體廠商聯絡。

● 若於購買書籍後發現有破損、缺頁、裝訂錯誤之問題，請直接將書寄回更換，並註明您的姓名、連絡電話及地址，將有專人與您連絡補寄商品。

● 歡迎至碁峰購物網
http://shopping.gotop.com.tw
選購所需產品。